反常心理学

心理医生专业解读变态心理学

2

木梅 著

中国法制出版社
CHINA LEGAL PUBLISHING HOUSE

序言

Preface

我是谁？为何而来？将成为什么样的人？我们带着这些问题走在人生的旅途上，不断扪心自问，寻找着答案……

不管我们对自己的未来有多少种构想和期许，成为一个心理健康的人是我们心中重要的追求。心理健康代表心理的正常状态，即常态。常态是生命得以延续的保障，是人生幸福的基础。遗憾的是，人不总拥有常态。所以，有一个词常被人们挂在嘴边，那便是“变态”。

何为变态？世界上真的有变态的人存在吗？答案是肯定的。变态不仅仅是人们诽谤他人的工具，也是一种客观存在的医学诊断标签，是心理不健康的别称。而从心理学的角度，可称之为“变态心理”。那么，如何鉴别一个人是否变态？是什么原因导致一个人的变态？变态的人又怎样才能恢复常态？这都是变态心理学想要回答却不太容易回答的问题。

变态心理学是心理学的分支，是研究人的心理与行为的异常表现的一门科学。比如，人为什么会焦虑、抑郁？为什么有人会怕可爱的小动物？为什么有人不敢与人交往？为什么有人难以走出创伤？为什么有人总觉得别人要害自己？赌博和游戏为什么让人上瘾？……这些异常的心理和行为其实离我们并不遥远，它们就发生在我们身边。不幸的是，我们却常常忽视了它们的存在。

现实生活中，变态心理的表现形式多种多样。按心理过程或症状，可分为感觉障碍、知觉障碍、注意障碍、记忆障碍、思维障碍、情感障碍、意志障碍、行为障碍、意识障碍、智力障碍、人格障碍等。按临床精神疾病的表现或症状可分为神经症性障碍、精神病性障碍、人格障碍、药物和酒精依赖、性变态、心理生理障碍、适应障碍、儿童行为障碍等。

那么，变态心理是如何形成的？诸多研究表明，人的变态心理并不是生而有之、命中注定的。人的心理从常态到变态，有着一个漫长的演变过程，且受多种因素的影响。

正如人吃五谷杂粮，在品味各种滋味的同时，难免会因体质不服、消化不良、误食毒物等原因滋生各种疾病。从生到死，我们处在一个如此错综复杂的社会环境中，亦会在体味各种消极情绪和情感的时候，悄悄地在心里留下阴影，产生畸变，最终导致变态心理。

身体的苦痛可以及时求医问药，获得关爱。而心灵上的苦痛却常常难以言说。就算能够说出来，别人也不一定能听懂。因此，受伤的心灵几乎很难得到及时的抚慰、救治，以至于慢慢扭曲甚至崩溃……所以，任何一个想让自己身心健康、生活更加快乐、未来更加美好的人都应该关注、了解和识别变态心理和行为，为自己和他人的心理健康构建一道坚不可摧的防火墙。

本书从病理心理的角度，采用层层递进的心理解构方式，即先是典型的变态心理案例，再是心理医生的治疗感悟，最后是心理学大师的理论阐释的方式，立体地勾画变态心理。书中的案例生动详尽地描述了变态心理的种种临床表现。以心理医生和心理学家两者的视角，分别对各种变态心理现象的成因进行心理、家庭和社会文化因素的分析和解释，重点阐明变态心理的病因、诊断、治疗，同时介绍不同心理学派的理论模型及重要观点，使读者对变态心理不但“知其然”，而且“知其所以然”，从而对各种变态心理现象有比较全面的了解和认识。读者在阅读时，可以从当事人的偏执和痛苦中，看到人类生命中不能承受之重，进而对人生有新的领悟。

大部分疾病是“千里之堤，溃于蚁穴”，所以“防患于未然”是明智的选择。本书也能为广大从事心理健康服务的专业工作者提供参考。

受作者学识和水平的限制，本书难免有不当或不足之处，希望读者可以谅解。也希望专业人士不吝赐教，以便日后修正。

另外，特别声明，文中案例均经过艺术加工，且人名俱为化名，请读者不要对号入座。如有雷同，纯属巧合。

目
录

Contents

第一章 01

分离性障碍

一些猝不及防的时刻，人们会突然忘记了自己是谁，为什么来到此间，停留在此刻？恍惚间，周围的人们陌生又疏离，好像变换了时空。也许一切都可以从头来过，但是曾经的过往像梦魇，总在太阳下山之后如鬼魅而来。也许可以装作什么都没有发生过，当自己是初生的婴儿，但是曾被人世灰尘遮蔽的心灵，早已结了一层厚厚的灰壳，再也无法透出一丝光亮。因为，不管人们如何奋力地逃离，都冲不破悲惨而漫长的人生岁月里所编织的心灵藩篱。

分离性障碍是一类由明显精神因素，如重大生活事件、内心冲突、情绪激动，通过暗示或自我暗示，作用于易病个体所导致的以解离症状为主的精神疾病。解离症状又称癔症性精神症状，是指病人部分或完全丧失对自我身份的识别和对过去的记忆，也就是说忘了自己是谁、曾经历过什么，从而表现为意识范围缩小、选择性遗忘或精神暴发等症状。常见的类型有分离性遗忘、分离性漫游症、分离性身份障碍（多重人格障碍）、人格解体障碍及非典型分离性障碍等。

第一节 我是谁，我从哪里来
——分离性漫游症

不要问她从哪里来，姓甚名谁，因为这个问题她也回答不上来。来到此间是冥冥之中的召唤，是信马由缰的肆意，还是经年累月的预谋？没有人能告诉她，她自己也不想知道。当生命突然在某个清晨被抹去了记忆，没有人能预测是好还是歹。此刻的她好比站在了悬崖边，回头是虚空，也许前行才有一线生机。所以，无须好奇她的到来。历来漂泊者的命运宛如雨后山花，凋零得理所应当，无人痛惜。不如就当这是一场梦，如果美好，就让她晚点醒来。

案例回放：古镇的不速之客

这是南方的一个古镇。青山绿水间，氤氲着一股天上人间的仙气。古镇始建于南宋，并不大，仅有一条主街，全长 700 米。地面是古老的青石板，路两边有清代建筑、民国建筑、中西合璧建筑……因流过镇旁的河流清溪形似柳眉，状似弯月，故取名为柳月镇，沿用至今。

这天，镇上突然冒出一个陌生的女子，看上去大约三十岁。从她的衣着和举止看，她不是本地人，像是来自某个遥远的大都市。她随意地在主街上来来回回逛了几趟，似乎漫无目的。在这个游人寥寥无几的旅游淡季，显得有些突兀。更何况，她一脸的漠然，眼神发直，让人心生疑窦，总觉得哪里不太对劲儿。

004

“那个女子咋个有点神戳戳的呢？”当客栈的老板娘第四次看到女人经过她的门口，忍不住望着女子的背影，操着方言小声地对着自己的老公嘀咕着。

“哪儿神戳戳的嘛？我觉得挺正常的。”老板低声回道。语气中的一丝不满和微蹙的眉头让老板娘心里很是不爽，醋意顿生。

“咦，你怕不是看上人家了吧？”老板娘撇着嘴说。

“少胡说八道！”老板提高了声音呵斥道。反正女子已经走远，他也不怕她听到。

这是进古镇后的第一家客栈。门前绑在房梁上的一根黑色木棍挑着一副红色锯齿边装饰的白底红字幡，写着：柳月人家。客栈拥江而建，靠水而居，是南方有名的吊脚楼的形制。这里风景好，空气清新，每年吸引大量游客从四面八方前来。不过，眼下可不是好时节。

女子走过客栈，站在古镇入口处的一块石碑前，木然地盯着它，面无表情，一动不动，像定在了地上。石碑年份久了，留下了被雨水侵蚀的斑驳痕迹，但上面的古镇介绍和路线图还能看清。一条河水穿镇而过，镇以河为界，一边是保留下来的古镇，另一边则是最近几年才修的房屋，算是新镇。河中有蛇形的汀步桥（浅水中按一定间距布设块石，微露水面，使人跨步而过的桥），可供两边行人自由往来。

河岸两侧生长着参天的巨楠、榕树和柳树等树木，枝叶繁茂，绿荫如盖。吊脚楼依着根枝盘错的古榕树，清幽、雅致。这样的地方，恰是一处痴男怨女创造缠绵悱恻爱情的绝佳之地。

大约半个小时后，女人离开石碑，迈过汀步桥，来到新镇的河边。她蹲下身，随手捡了一根树枝，在岸边的空地上认真地画着什么。偶尔路过的人好奇地探头看了看，又一头雾水地离开。因为，女人虽然神情很专注，其实地上什么有意义的线条都没有留下，她只是一通乱画。

画累了，女人便停了下来，望向远处，发呆。空洞的眼神不像在沉思，也不像是回忆，倒像是被鬼魅摄去了灵魂，徒留一具空壳。过了许久，她又好似突然灵魂回归，急匆匆地回到对岸，来到一棵百年大榕树下，用手摩挲着粗糙的树干，喃喃低语，神情变得温柔又迷离，似乎在和大榕树谈情说爱，情意绵绵。

“快来看那个女人！”大榕树正好在柳月客栈的旁边。老板娘从自家客栈的窗户望出去，女人的一举一动尽收眼底。

“你看她那个样子，哪儿像个正常人？”老板娘扭头又对她老公说。

她老公终于按捺不住好奇心，伸头望了出去。这次他没有反驳老婆的话。此刻，他觉得老婆的话也不是毫无根据。

“你管人家呢。干你的活吧。”不过，他不知出于什么心理，还是不想把女人往坏处想。

客栈夫妇满怀疑惑地各自忙碌起来，暂时忘了那个女子。

不知何时，镇上街边的红灯笼亮了起来，给古镇涂抹上一层温暖的色彩。夜色渐渐侵袭了古镇。

“她到底在干吗？”客栈的老板娘在关门的时候，发现那个女人坐在不远处的一所古宅的台阶上，茫然地盯着眼前的地面。她感觉这个女人实在是不同寻常。怀着这样的疑问，她慢慢地靠近女人，问道：“姑娘，这么晚了，你还不回家吗？”

“家？”女人抬起头直直地看着她，一脸迷茫。既像是问她，又像问自己。可是，很显然，她在脑海里搜索了一遍，没有找到答案。

“你不是本地人吧？”老板娘不死心，继续问道。

“本地人？我不是本地人？”女人疑惑地问道。

“那你叫什么名字呀？”老板娘有点不耐烦了。心想，这个你总会知道吧。

“叫什么名字？”女人咕哝着，用手敲击着脑袋，焦躁起来。

“别是个傻子吧？”这时，其他的街坊邻居围拢过来，有人说道。

“不能吧？看她样子挺乖的，多文气。”有人反驳道。

“你晚上准备住在哪里呢？”老板娘心生怜悯，问她。

女人看了老板娘一眼，喃喃地说："住哪里呢？我不知道。"

"你如果实在没有地方去，就到我家去吧。"老板娘伸手去拉女人的胳膊。

女人闪躲了一下，抬起头看着老板娘。然后，她似乎认真地想了想，接着站了起来。

老板娘把她带回了柳月客栈。

"咦，她要在我们客栈里住吗？"客栈老板看到女人，奇怪地问。

"嗯。"老板娘哼了一声，把老公拉到一旁，大致说了一下这个女人的情况。

然后，她转身问女人，"你带了身份证没有？"

女人听到她问，便在身上摸了半天，除了纸巾和一些钱，什么都没有。

"这怎么办？"老板娘转头问她老公。

"先住下吧，明天再说。"

安顿好女人，回到自己的房间，老板娘对老公说："这个女人好像也不傻，刚才我和她说了会儿话，挺正常的。可就是不知道自己叫什么名字，从哪里来，以前是干什么的。她怕是失忆了吧？"

"也许吧，明天如果她还想不起来，就报警吧。"老板说。

第二天，女人梳洗完走出房门，老板娘邀请她一起吃早餐。女人道了谢，拘谨地坐了下来。

"你还没有想起你的名字吗？"老板娘盯着女人的眼睛，急切地问道。

女人没有回答，默默地摇了摇头。

老板娘看了一眼自己的男人，男人心领神会，起身到门外报警。

跟着警察来到派出所的女人，在民警们专业的询问下，依旧没有提供有关自己的身世和来历的一丝线索。好像她原本就不属于地球，只是不小心从天上掉到了人间。

"你会写字吧？"警察们实在没辙，便拿出纸笔，期望她能试着写出点什么，找到有关她身世的蛛丝马迹。

女人犹豫了一下，接过纸笔，却不知道写什么。

“不着急，你慢慢想，想到什么就写什么。”警察说完，全部离开了，想给女人一个自由放松的空间。也许她独处的时候，能想起点什么。

一个小时后，警察回到房间，拿起女人的那页纸，上面混乱地写着字，仔细辨认，可以认出两个不断重复的字——春阳。

“春阳？是你的名字，还是你家人的名字？姓什么呢？”女人回答不了警察的一连串的问题。她也不明白自己为什么会信手写下这两个字。

最后，警察还是通过比对网络上的失踪人口信息，核实了女人的真实身份。

她叫杨芳，某公司会计。春阳是她初恋男友的名字。

心理医生手记

杨芳，女，32岁，独女，生长发育正常。诊断为：分离性漫游症。

分离性漫游症（癔症性漫游）指患者一次或多次突然出人意料地和无目的地离家旅行，具体表现为患者不仅丧失记忆，且从原地出走，到处漫游。旅游地点可能是以往熟悉或有情感意义的地方，一般历时几十分钟到几天。当被发现时，患者否认自己的经历，甚至否认自己的身份，清醒后对病中经历也不能回忆。该病高发年龄为15~40岁，女性多于男性。近年来，儿童发病率有上升的趋势。不过，该病愈后较好，一般60%~80%的患者症状可在一年内得到缓解。

分离性漫游症患者在漫游期间不仅丧失记忆，忘记自己是谁，还可能会以另外一个人的身份漫游、生活。此时患者意识范围缩小，以前的事情都忘记了，对外界正发生的事情也不太关注。但日常基本生活（饮食起居）能力和简单的社交能力（如购买车票、问路）没有丧失。漫游时间一般历时几十分钟到几个小时，甚至几天、几年。被发现时，否认曾经的经历和身份。漫游的过程和复杂性也因人而异，有的人只是在自家的附近短时间漫游，有的人会改变身份漫游到外国，开始新生活。

分离性漫游症有这样一些典型特征：首先，有创伤性或应激事件作为诱因。而这些事件给患者带来巨大的痛苦或精神负担，是患者不能承受或急于想逃避的。因此，患者会将创伤或应激事件这一时间段的事件的部分或全部遗忘。其次，在觉醒状态做无计划和无目的的漫游。患者在漫游中头脑是清醒的，能保持基本的自我照顾以及与陌生人的简单交往（如问路）。所以，与其不深入地短暂接触看不出其有精神异常。再次，有身份识别障碍，但不是癔症性多重人格。患者忘了自己的旧身份，或换了个新身份。最后，开始和结束都是突然的，事后有遗忘。杨芳看上去比实际年龄要年轻，或许是因为她留着中学生式的齐耳短发，抑或因为她光洁的脸上有一副惶恐的表情，这使人不由得疑惑：她这样看上去很柔顺的姑娘为何会突然不告而别，甚至忘记了自己曾经的一切，尤其是名字呢？

“为什么去古镇？”杨芳茫然地重复着心理治疗师的话，仿佛去古镇的人不是她。过了一会儿，她不好意思地说：“我怎么什么都记不起来了？”

杨芳的古镇之行如同做了一场梦。难道是梦游？但事实上，分离性漫游症与梦游（迷症）有很大的区别。分离性漫游症是一种癔症状态，是意识与行为发生分离，常在急剧的精神刺激作用下发病。病人几乎总是从不顺心的环境或地方离开，在觉醒的状态下，来到有情感意义的地方，当然，也可能是全然陌生的地方。而梦游症是一种病态的睡眠状态，是在睡觉中途、不觉醒的状态下发生的无意识游走。两者致病原因不一样。前者致病的主要因素是心理冲突，而后者则多为身体状况不良，虽然也有一些心理方面的因素。

分离性漫游症是一种伴随有出走的遗忘症，但是它与一般的遗忘症又有所不同。遗忘症是在觉醒的状态下始终不能回忆，核心表现是遗忘。而漫游症的表现包括遗忘和身体逃走，所以比遗忘症更为复杂。漫游症患者在意识模糊的时候会无目的地到处乱走，但是患者的行为是有目的的，她的潜意识是逃避。遗忘症患者有时候可能也会忘记自己的身份，但他们大多停留在原地，不会出走，而许多漫游症患者离家出走后就会开始实施新的漫游计划。

有的人可能只会去下一个城市，住进一家旅店，一整天待在房间里发呆、看电视；或用一个假名找到一份新工作，甚至建立新的家庭；或可能一转身的瞬间恢复正常。这些都是漫游症常见的形式。个别特殊的案例国外有报道，患者还会漫游到另一个国家，假造一个新的身份，编造一个详细的过去，然后过上一种几乎全新的生活达数年之久。在此期间他们会像正常人一样生活，但最后如果碰到以前生活里熟悉的事物或者熟悉的人，让他在心理上再一次产生安全感时，他们会幡然醒悟。当然，也有些人是被人认出、被人帮着找到家的。然而，当他们醒来后却不记得漫游期间发生的事情，他们所记得的最近的一件事情是在某天早上离开了家。

“柳月古镇对我有什么意义？”杨芳回忆着，一丝笑意突然挂在脸上，“大学时候，我和春阳去过那里，后来再也没有去过了。”

“我和春阳的感情一直都很好，他是我的初恋。本来商量好了，大学毕业打拼几年，攒下点钱就结婚的。”杨芳说，“但是，我家里人，尤其是我妈妈，坚决反对。因为她嫌弃春阳家穷，还是农村的。所以，我妈想尽办法逼着我俩分手。拗不过她，我们只好分了。

“现在这个未婚夫是我妈找人给我介绍的。我不爱他，但我妈喜欢他。她说我年纪不小了，不要再挑三拣四，赶快把自己嫁出去。”

从杨芳的父母口中也证实了杨芳的话。杨芳和初恋男友春阳感情深厚，被迫分手后，通过相亲认识了现在的未婚夫。正是在结婚的前一天，杨芳离家出走了。

“从小到大，我都是个乖乖女。我妈妈说的话我都会听，也必须听。如果不顺从我妈妈的意愿，她就会没完没了，不停地斥责我。有时急了，还会动手打我。在家里，我妈妈一个人说了算，爸爸基本上没有话语权。”

心理学研究表明，性格过于强势的母亲倾向于过分地干预孩子的人生，导致孩子在性格方面形成胆小、拘谨、孤僻、自卑等不良个性，甚至产生抑郁、焦虑、自闭等情感障碍。杨芳即是母亲强势性格的牺牲品。她个性上的缺陷使她长期压抑自己的真实情感，从未真正体味过生命的欢乐和幸福。即便是深爱的初恋被母亲搅黄了，也没有勇气反抗。一味地逆来顺受，压抑自己，使她的心境一直处在恶劣的状况下，负面情绪逐年累积，无法消解。终于，将要嫁给一个不爱的人这个应激事件，成为压死骆驼的最后一根稻草。

众多分离性漫游症患者的经历也表明，当一个人面对无法承受的压力时，正是漫游症发作之时。所以，漫游症似乎发挥着逃避现实、缓解心理压力的作用。因此，也比较容易在一个人受到心理创伤之后出现。可见，分离性漫游症的病因虽然尚不明确，但心理因素是一个很重要的原因。长期的心理压力过大、精神处于高度的紧张状态容易导致此症的发生。

第二节 自己的旁观者
——人格解体障碍

禁锢在自我的世界，漠视世间的一切，他是自己的旁观者。看着自己像一个演员，表演着不属于自己的喜怒哀乐。一切虽在眼前，却又那么遥远；一切好像很熟悉，却又那么陌生；一切似乎真实存在，却又那么虚空。尽管有人在耳边絮絮叨叨地诉说着爱和恨、相聚和离别、欢喜和厌恶……于他而言，只不过是一阵云烟，在眼前飘过后，不留一点痕迹。深夜里，不知是谁偷走了自己的灵魂，让自己带着这副躯壳，无知无觉地游荡在这冰冷又陌生的人世间。

案例回放：迷失在夜幕降临时

肖乙下了班后，和几个同事慵懒地在街上闲逛。

此刻，夜幕降临，霓虹闪烁，人声嘈杂。

街道上，来来往往的人神态各异，有的亲密相伴，有的踯躅独行。这一切在肖乙的眼里就好像一部老电影，光影摇曳，恍恍惚惚，如此地虚幻、不真实。尽管他想尽力看清楚，但是不知道是他的眼睛出了问题，还是这部老电影的胶片老化了，只觉得人们的五官模糊、神态怪异、看不清楚，世界似乎是由一帧帧画面拼凑的。即便偶尔看到一幅完整的画面，人们也像是戴着一张张假面，夸张又古怪。一瞬间，他怔住了，突然忘了自己身处何处，正要去往何方。

“嘿，干吗呢？”身旁的同事兼室友小张拉了他一把，“快走吧。”

肖乙茫然地跟在同事的身后，来到一个大排档。几个人准备随便点点小菜当晚餐。毕竟是年轻人，吃着吃着不一会儿就嗨起来。高谈阔论夹杂着吵闹声，喧哗了城市的夜色。

但这一场热闹在肖乙的心里，不过是别人的欢欣和喜悦。尽管他也是其中的一个主要角色，也说着，也笑着，也闹着，但他知道那个欢乐的他不是真的他。而真正的他此刻就像一个冰冷的机器人，无知无觉地冷眼旁观着那个虚伪的自己。像一个小丑，极力地配合着别人的话语和情绪，假装自己很开心、很兴奋，卖力地出演着。这样的情形，常常让他感到迷惑、无助、孤寂和虚空。

他不断地问自己：“我到底是怎么了？为什么活着却好像已经死了？”

他害怕这样的情形再次上演，于是他想逃离人群，但更怕一个人独处。独处只会让这种与世界疏离的感觉更加强烈。

有时候，他不但不再熟悉周边的世界和人，而且也会对自己感到无比的陌生。某个黄昏，独自宅在家的他突然感觉自己变成了一个充气的人形娃娃，竟然可以看到自己变形的五官、夸张的身形。他不由得心生疑窦，我到底是谁？他又是谁？这种虚无的感觉令他十分恐惧。有时，他为了证明自己并未与这些熟悉的事物隔离，便不停地用手几百次地拍打着身边的物体，还大声呼喊，想把自己喊醒，想让自己感受到一切真实地存在着。可是，这根本是徒劳。事情反而越来越糟，感觉越来越奇怪，他甚至觉得连自己的呼喊声也变得陌生和奇怪，像是从别人的口中发出的。

肖乙从来就不是一个快乐的人。从小，他的个性就很孤僻。大约在他两岁时，父母就离了婚。即便离了婚，他们一见面，仍然会为了他的事情或其他一些无关紧要的琐事在他面前争吵不休，甚至大打出手。每当这个时候，年幼的肖乙便躲在角落里，死死地捂住自己的耳朵，不断告诉自己：“这不是真的，这不是真的……”他憋着气，使劲地摇着头，渐渐地，好像真的就听不到那些烦人的吵闹声了。

从此，总会有那么一瞬间，让他感到灵魂出窍般，与这个世界产生剥离，成了这个世界的旁观者。看着另一个自己和这个世界互动着，真实的他却什么都感受不到，无论喜怒哀乐，还是甜酸苦辣，仿佛所有的感觉器官已经死去。

以前只是偶尔独处时，他会突然感到自己和周围熟悉的一切变得好陌生。现在，就是在人群中也会恍如梦中。这种突然坠入梦中的感觉令他心悸、惶恐。他拼命地掐自己，以为痛楚会令自己惊醒，感觉自己真实地存在。可是，他感觉不到痛。

这种状况从他去年与女朋友分手后，就变得越发频繁、严重。他犹记得那天，天很晴朗，阳光很灿烂，甚至有些燥热。不像肥皂剧里演的那样狂风大作，风雨交加。不记得是因为什么，女朋友突然开始埋怨、数落他。他当时心烦气躁，忍不住回了两句。于是，女友失控般大声斥责他。经过的人们用奇怪的眼神看着他俩，他觉得很丢脸。本想说些话安抚一下女友，但似乎不管说什么都不能熄灭女友的怒火，反而激起了女友的斗志。他只好保持沉默，听着女友的聒噪声越来越遥远，远得快要听不见。恍惚间，他好像和女友不在一个世界，他飘浮在另一个空间，与现实世界隔着一层薄膜，朦朦胧胧看不真切。他呆立在那里，似乎这一切与他毫无关联。但他其实心里是清醒的，无助、恐慌、绝望的感觉笼罩了他。

女友的那张脸怎么那么陌生，那么扭曲，像是一种不知名的外来生物。他伸出手去拉她，还是没有真实感。看着因愤怒而涨红了脸的女友，他心如死灰，没有感觉。女友的痛苦在他心里激不起一丝的涟漪，即便是她说出分手并转身决绝地离去，他却还是木然地看着她的背影，好像忘了刚刚发生了什么，一切似乎也与自己无关。那一刻，他超然于这个世间。

这种空无的感觉让他坠入痛苦的深渊。

差不多十分钟后，他才恢复正常。他知道自己肯定是病了，于是去各大医院查了个遍，最后得到一个意料之外的答案。

心理医生手记

肖乙，男，28岁，未婚，独子。生长发育正常。诊断为：人格解体障碍。

人格解体障碍又称现实解体综合征，是一种感知觉综合障碍，也是以持续或反复出现对自身或环境感到疏远或陌生的不愉快体验为特征的神经症性障碍。特征为自我关注增强，即对自己的一切过分关注，但感到自我的全部或部分似乎是不真实、遥远或虚假的，失去自我的感觉，找不到自我，正常的自我存在感消失了。可表现为人格解体或现实解体，或二者兼而有之。是一种原发性精神障碍。人格解体障碍多发病于青春期或成人期，年龄大多在15~30岁，男女都有。一半以上的病人会表现出慢性症状。儿童也会发作，但是因为儿童言语表达不清，所以不易确诊。

人格正常情况下是整合的，但应激状态下会发生分离，导致分离性障碍。人格解体障碍主要表现为对自我、身体或环境的疏离感与非现实感，与世界、自我、情感的隔绝感。最常发生于遭受心理创伤、遭受意外、被暴力攻击、有严重躯体疾病和外伤等时候。它也可以是脑器质性损害以及精神分裂症、抑郁症、焦虑症等精神疾病和癫痫的伴发症状。由于患者常用“似乎是”来形容他的各种各样奇异的体验，甚至常常无法准确地描述，因而容易被误解，可能被归入某一精神病类型。

人格解体的这种异常体验好比一个人忽然来到一个陌生的环境中，必然会产生一种不适应感以及疑虑感。但是，这种情况下，人们自己知道这种陌生的感觉是正常的，不会引起焦虑和惊慌。人们也常用“晃神”“我的意识不在那里”“灵魂出窍”之类的词来形容这类感觉。可见，在日常生活中，在特定的情景下，这样短暂的体验时常会有。例如，当人们从睡梦中受到严重的惊吓时、特别疲倦时、精神高度集中时、吸毒和酗酒时，都可能出现短暂的人格解体。另外，在濒临死亡时，如人在溺水和其他事故的最后一刻被救过来之后，也常常报告曾出现人格解体现象：自己正飘浮在空中，看着自己的躯壳，无知无觉。但这些体验时间非常短暂，几乎是瞬间发生，且不会反复出现，也不会给人们带来强烈的情绪困扰。因此，不能称为分离性障碍。

“那一瞬间感觉一切好像在梦里，正在发生的事是别人的，跟我毫无关系。我可以听见声音、看到周围的东西，甚至能闻到花香，但是觉得奇怪又陌生。周围的事物和环境都变得模糊不清，变形得厉害，就好像穿越到一个奇怪的世界。心里空落落的，对自己都感到好陌生。”肖乙说。

人格解体障碍患者的分离性障碍出现时，重要的心理功能被隔离在了意识之外，可这些障碍只是扰乱较高的认知功能（如思维、记忆、注意等），而不会扰乱感觉和运动功能。所以，患者在人格解体的情况下，还是保留着部分感觉，能正常行动，但对现实的知觉会发生很多的改变，承受着极不舒服的认知、感觉上的变化。人格解体患者觉得自己的情感和动作好像是别人的，又像看着一个好似克隆的自己，而真正的自己就像一个木头人，失去了感情。他们虽然可以像正常人那样听、闻、视、嗅，但感觉很奇怪，没有真实感。大多患者也同时会伴有现实解体的现象，即患者感觉周围环境或特定物体看起来很陌生、平淡无味。不但事物变了形，连时间和空间都发生了改变。周围像一个舞台，每个人都在这个舞台上演戏，甚至连回忆也变得不是自己的。那些事情如此缥缈、无感，仿佛偷了别人的记忆。或人格解体和现实解体兼而有之，对自己的认知发生错误（“我失去了自我”“我不存在”），同时，对周围的世界产生了陌生感。症状持续的时间从数秒到数月不等，常见的为数分钟或数小时。当这类异常体验单独出现、持久存在，引起患者苦恼或主动要求治疗时，才属于神经症性障碍。

“这种奇怪的感觉总是时不时地出现。我很担心自己会失去理智，每天都提心吊胆地害怕这种现象再次出现，也不知道怎么才能消除，还会头昏、心慌，特别痛苦。我真怕哪一天自己会发疯。”肖乙说。

人格解体障碍患者主要症状是感到精神过程或身体的分离和疏远。受害者意识到自己这种感觉的怪异性，害怕自己会变得精神失常。所以，人格解体时的消极体验会给患者带来很多的负面情绪，如紧张、焦虑、恐惧和抑郁等。尤其是那种不可控和空虚无助的感觉，常常会让患者抓狂。患者之所以觉得现实的物理世界不真实，有学者认为是因为患者的大脑把自己的内心世界作为中心，过多地关注自己的内心，或者说注意力在内心世界分配得比物理世界要多得多，这种状态被称为“危机意识过重”。也就是说，患者对来自身体内部和外部的危险过度敏感。此外，患者某些心理上的特性，比如，容易产生幻想、容易把注意力集中到很小范围的能力，都会使一些人在压力下容易出现人格解体，产生对物理世界的错误认知。人格解体是大脑、身体或心灵（包括心理、人格和世界观）受到重大创伤的结果，创伤引起身体的化学反应和生理变化，导致身体机能失去平衡。

人格解体障碍不同于漫游症。虽然分离性障碍都有一个共同的特征——个人身份的分裂。分离性漫游症是以遗忘自己的身份和曾经的经历为特征，重点在遗忘。而人格解体障碍一般不会伴随着遗忘，此症的核心特征是人格解体。人格解体是一种对自己的陌生感或对世界的不现实感。患者发作的时候，会感觉自己失去了情感体验，行尸走肉般地存在，和遗忘没有关系。人格解体障碍也不同于精神分裂症，患者扭曲的知觉与精神分裂症的妄想和幻觉不是一回事。虽然人格解体症患者的人格有一种分裂感，对自身及周围事物的感知出现了一种奇怪的感觉。但是，患者的意识还是清楚的，并未真正分裂，这就有别于精神病中的分裂现象。另外，人格解体症患者自知力是完整的，也就是说，患者知道自己出了问题，得了病。而精神分裂症患者自知力不完整，常否认自己得了病，不会主动就医。

“我记不清楚自己的这种感觉是从什么时候开始的。好像很小的时候就有了，只是没有现在这么严重。”肖乙淡淡地说，“每当我父母吵架很凶的时候，这种感觉就特别强烈。”

作为一种独立的疾病，人格解体并未被广泛地研究过，我们对于它的发病率和病因也知之甚少。一般认为，它与生理因素和心理因素都有关联，尤其精神应激因素，是可能导致患者突然发病的重要原因。因为，大多数学者认为，人格解体就是一种原始的、高度病理化的防御。换句话说，人格解体是人在遇到心理危机时的一种本能的病态的自我防御方式，与自我否定相关联。一般人在遇到心理危机时，一般采取压抑的自我防御机制。而当通常的压抑机制失效的时候，人格解体便可用作控制无法接受与容忍的冲动的应急措施。因为当一个人在面对焦虑和挫折启动自我保护机制时，这种自我保护机制常常通过对现实的扭曲或否定来维持心理的一个暂时平衡。小时候的肖乙在面对父母争吵的恶劣情形时，没有办法处理自己的心理危机，如恐惧、绝望和焦虑……所以，自觉不自觉地发展成人格解体障碍——把自己从此时此景中抽离出来，做个旁观者，借此来保护自己脆弱的心灵。可见，肖乙的案例中，幼年的创伤经历是诱发因素，发病与他的应激有很大的关系。从其他的案例研究中也证实了一点，人格解体与焦虑有很大的关联。

幸运的是，大部分人格解体障碍患者通过心理干预和药物治疗是可以痊愈的，尤其是和应激有关的人格解体障碍。当然，也有一小部分患者受疾病的影响较大，以致心理和社会功能上所受到的损害无法逆转。此外，人格解体障碍患者常伴有慢性的抑郁和焦虑，这也是需要特别加以关注的。

第三节 我是我，你是我，他也是我
——分离性身份障碍

我是谁，谁是我？这么多的我，哪一个才是真正的我？这个貌似很简单的问题，有时候人们却没有办法回答，无法给自己一个明确的答案。不知从什么时候起，人有了不止一面的表象，就好像不小心掉入万花筒，随着时空的不断变幻面目全非，幻化出许许多多的自己。于是，人们忘了自己的真实面目，这不由得让人心生恐慌。那些曾经的伤痛像一把锐利的尖刀，把原本统一的个体像切菜分瓜一样割裂成一块又一块，每一块都是世间的一个孤独灵魂，四处游荡，苦苦寻觅心灵的归宿。就这样，在漫长的成长岁月中，破碎的自我在人世间不同的时空里挣扎着、痛苦着、寻找着，渴望着重新整合为一体的那一刻。

案例回放：三面女人

茉莉是莫小桑给自己起的网名。一是因为与莫谐音，二是因为她很喜欢这种小而纯白的又不太起眼的花，一如她这个人，毫不起眼，泯然众人，是个可有可无的存在。

生活中，莫小桑无论是长相还是才能都不具备吸引人的魅力。她不太注重打扮，或者说注重了但品位堪忧。曾有同事嘲讽她的装扮落后时代至少三十年。但她似乎不以为意，依旧保持着古板的穿衣风格。没有人知道她真实的想法，也许时尚对她来说太奢侈。她时常戴着一副厚厚的黑框眼镜，留着厚厚的刘海，穿着超越年龄的服饰，默默地做着自己的事情。公司的同事很难听到她说话的声音。即便听到也很难听清楚，因为她的话常常如耳语一般，逻辑也混乱，要想听到已是费力，更别说听个明白。太费力的事没有人喜欢做，所以她说话时基本没有人注意听。时间久了，她也很自觉，干脆少说甚至不说。所以，她在公司里就像个隐形人，每天像个鬼魂一样飘进飘出，还不如前台小妹有存在感。

工作五年了，没有做出什么大的成绩，也没有犯什么大错，因为她本来就不是业务骨干，只是打杂的人而已。她和谁都不亲近，既没有交到知心的女性朋友，也没有交到可心的男朋友。至于唯一的亲人——母亲，莫小桑也很少和她联系，母女关系疏远又淡漠。

从小，母亲对她的关爱就少得可怜。在她五岁时，母亲给他找了个继父。从此，她的生活便堕入深渊。继父为人刻板、自私又专制。每天，莫小桑必须按照他制定的时间表和规则来作息，不能有一丝一毫的差错。记得有一次，她吃饭前忘记洗手了，便被继父惩罚用手吃饭，包括喝汤。每每这个时候，母亲都保持沉默，因为她害怕如果帮着女儿说话也会被惩罚。莫小桑每天活得战战兢兢，生怕哪里没有做对，触怒了继父。她常常感觉自己活得就像阴沟里的鼠类，阴暗又卑微。

随着时间的推移，莫小桑渐渐地长大。但她隐隐约约地感觉继父看自己的眼光不太对。她很是害怕，常常躲在自己的房间里，大气不敢喘，希望这样可以让继父忽略她的存在。但是，可怕的事情终于还是发生了。某个周末的下午，妈妈出门办事，继父走进了她的房间……一个小时后，莫小桑赤身躺在床上，空洞无神的眼睛盯着天花板，似乎忘记了刚才发生的事。那年，她才 10 岁。此后，继父的每一次兽行都让她痛不欲生。她极力想忘掉。可是记忆却偏偏如梦魇，刀刻般存留在心底。于是，她便疯狂地想：什么事都没有发生；那个人根本不是我……可那个人是谁？我又是谁？他又是谁？也就是从那一刻起，她的灵魂开始分裂了。

艰难的人生让莫小桑变得沉默寡言、谨小慎微。但是如果你以为这就是全部的莫小桑，那就大错特错了。

午夜十二点，莫小桑坐在电脑前，此刻，她是网上虚拟世界的茉莉。一改平日里的木讷、胆小、拘谨和古板，她变身为一个侃侃而谈、风趣幽默、知性自信的女子。而屏幕那边的男人早已经被她的魅力深深折服。才聊了一个星期，便急切地试探着想要和茉莉见面。茉莉有些得意，也有些不屑。

得意的是，在网上，她对男性的进攻几乎是无往不利的。可是，一旦发现他们有交往的意愿，她又很不屑，觉得这些男人都太容易动情，太不靠谱。所以，她对他们的款款深情通通不予理会。

今夜同样如此。这个网名叫印石的男人不断发来信息，问道："为什么不能见面？"

"为什么要见面？"茉莉回答道。

"因为想见，所以见。"

"可我不想见，所以不见。"

茉莉没等对方回话，便关了对话框，下了线。

无聊的夜晚，茉莉就这样常常沉溺在虚拟的世界里，和各色男人谈天说地，享受着他们对自己的迷恋和求之不得的焦灼。这让她兴致盎然，乐此不疲，充分地满足了她作为一个女人一直渴求的自尊、关爱和虚荣。

但白天，她还是那个唯唯诺诺、谁也不敢得罪、小心翼翼埋头做事的莫小桑。她已经不记得夜晚在网上所发生的一切。那个自信满满的茉莉也只是存在于午夜过后的虚拟世界里，就像灰姑娘一样，天一亮就被打回原形。

除了茉莉，莫小桑还有另一面，她不但有三面，且她自己不知道自己有另外两面。

第三面的她，在某个周末的晚上还会出现在城市里那些灯红酒绿的夜总会、酒吧或迪厅之类的地方。不过，这个时候，她的名字叫蔷薇。

蔷薇浓妆艳抹，身着紧身的刚刚包住臀部的超短裙。眼镜和厚厚的刘海不见了，取而代之的是红唇绿眸，时尚的大波浪卷发。这种时候，她既不是莫小桑，也不是茉莉，而是风情万种的蔷薇。

她右手高高地擎着一杯红酒，眼睛盯着它，目光迷离，一副慵懒的模样。她坐在吧台旁的高凳上，露出雪白的大腿，无声地向在场的男人们发出暧昧的邀请。

“小姐，这里可以坐吗？”有个相貌平庸、笑容猥琐的男人靠近她。

“请便。”她嫣然一笑，给了这个男人更进一步的勇气。

“小姐芳名？”男人坐下，觍着脸问。

“蔷薇。”

“好名字。小姐一个人不寂寞吗？我陪你喝一杯如何？”男人更加大胆。

“好呀。”蔷薇妩媚地笑了。

对她而言，什么样的男人都不重要，只要他们对她表达爱慕和渴求，她就可以和他打情骂俏，耳鬓厮磨，不过也仅此而已。不知道为什么，她是无论如何也不会和这些男人有进一步发展的。一旦男人们有要求，她便以各种理由加以拒绝。所以，她总是没有固定的男伴。

后半夜回到家，蔷薇像死了一样，睡到日上三竿才起。睡醒后的她又还原为莫小桑。莫小桑看着满地夸张的服饰和镜子里自己扭曲的脸，迷惑又恐慌。因为，她早已不记得昨晚曾发生的一切，不明白为什么会是这样。

莫小桑就这样拥有三重身份，过着三种截然不同的人生。莫小桑、茉莉、蔷薇谁也不认识谁，谁也不知道谁。她们是三个不同的灵魂，彼此共用着一个肉体，却过着各自的生活，表达着各自不同的情感需求。

日子一天一天地过去。莫小桑的生活如一杯凉白开，没有味道，但还平稳。茉莉继续在网上和各种男人高谈阔论，却不给他们任何希望。蔷薇流连在各大娱乐场所，卖弄着风骚。

直到有一天，蔷薇被一个男人尾随。男人堵在街道的角落想要强吻她，被她狠狠地扎了一刀，惊动了警察。于是，蔷薇、茉莉，或者说莫小桑，在心理医生的帮助下，才知道自己在某些晚上并不是在家好好睡觉，而是做了许多连自己想都不敢想的事情。

心理医生手记

莫小桑，女，29岁，独女。诊断为：分离性身份障碍。

分离性身份障碍（DID）亦称多重人格障碍，指一个人具有两种或两种以上相对独特的并相互分开的人格，并以原/初始人格（未分裂出其他人格时的患者）为主人格，分裂/衍生人格为亚人格的一种精神变态现象，是一种癔症性的分离性心理障碍。DID是一种极端的人格分裂，大多始于儿童期。但在儿童期，人们往往把这些症状视为孩子无聊时想象出来的玩伴或其他幻想的游戏所致，并不会引起特别的重视，更不会意识到是一种精神障碍。通常DID是在成年时期才被诊断出来。

分离性身份障碍患者具有超过一个（若是两个则称为双重人格）的人格存在，即患者的身体里拥有两种或两种以上的人格，无法把自己的身份统一起来，犹如一个身体里住着好几个灵魂。分裂出的人格五花八门，在一定的情况下，每个人格有自己的姓名、记忆、特质及行为方式。它们可能在性别、年龄、种族甚至物种上各有不同。每一个人格都较稳定、发展完整。主人格的特质往往与次人格的特质迥然不同。分离性身份障碍患者的主人格一般比较内向、胆小、压抑、自卑……而他的某个次人格就可能会外向、活泼开朗、自信。

通常人格分裂现象开始时，原本的人格（主人格）并不知道“他们”（次人格）的存在，对他们所做的事情也没有丝毫记忆，即发生了遗忘。但分裂出的人格中往往会有一个是知道所有事的，如果这个人格愿意合作，他往往能给治疗提供许多有益的资料，使治疗师更好地了解患者。在患者内心世界里，有些人格可以知道其他人格的存在并作用于它们。比如，在一个患者身上，人格 A 并不知道同时存在其他的人格形式，但其他的人格却知道人格 A 在做些什么，犹如旁观他人的行为。其他的人格可能知道也可能不知道人格 A 的存在，但无法和人格 A 有共同的意识。

由于分裂出的人格会轮流主宰个体行为，因此此时患者的主人格对于次人格主宰的这段时间是没有意识也没有记忆的，这也就导致严重的“遗失时间”现象——患者常常会觉得时间突然消失了一段，生命出现了空白，不知道曾经发生了什么。然而，即使患者发现自己的记忆有被截断的现象，也无法知道自己已有多重人格。甚至有一些严重的病例主人格“沉睡”十多年之久。这种病症听上去有些让人难以置信。国内的报道并不多，但国外常有一些相关报道。有一本著名的书籍《24 个比利》就是根据一个真实的个案撰写的。书中描述了主人公比利的 24 种人格，1 个主人格、23 个次人格。每个人格都有不同于其他人格的特质，好像 24 个不同的人共居一栋楼。他们在比利的生活中交替存在，各自按照自己的方式说话或行事，真是令人匪夷所思！

不免有人怀疑，患者所谓的多重人格是为了某种目的装出来的。不过，心理学家大多还是倾向于承认这种疾病的存在。国外有一位心理学家试图通过仪器来证明多重人格的存在，他用机器记录了一位多重人格患者宝拉在切换人格时的大脑活动、心率以及其他身体上的数据。结果显示，不同人格出现的时候，宝拉的脑电波没有显著变化，但是肌肉紧张和心率波动幅度较大，眼神也有一定的变化。这似乎可以证明，那些人格的确在宝拉的身体里存在着。

一般大众经常将分离性身份障碍与精神分裂症混为一谈。两个概念的混用，说明公众对分离性障碍和精神分裂症两个病症还认识不清、不甚了解。人们常常把被诊断为精神分裂症的人说成具有“分裂人格”，其实二者有着很大的区别。首先，精神分裂症表现为个体的人格和现实的分裂，而不是几个人格共存于一人身上。精神分裂症根本不包括“分裂人格”或者“善恶二重人格”。被诊断为精神分裂症的人并不具有不断变化、不同特质并控制其心灵与行为的多重身份。他们可能有妄想，并坚信他们是某个人物，但是他们并没有显示出伴随着声音、语调、词汇以及外貌的改变而在身份方面发生的变化。精神分裂症患者缺乏基本的思维逻辑，行为怪异，难以正确表达情感，没有自知力（不承认自己有病），无法辨别什么是现实，什么是幻觉，不能应付正常生活。而分离性身份障碍患者不会表现这些特点。患者在不同的人格主导下可以“正常地”行为处事，“清醒地”应对外界刺激，一般很难被识别。他们也不知道自己有病，但一旦被确诊，大多会积极配合治疗。

“小时候的记忆是灰色的，很多事情想不起来。但我记得继父走进我的房间，我看到他时，从他的眼睛里读到了一丝危险的气息，我本能地想躲起来，但被他一把抱住，动弹不了……后来，我就发现生活出现一些奇怪的事情……好像身边一直有其他人……”莫小桑在催眠师的引导下，把曾经遗忘的零碎的人生片段一点一点拼合在一起。

一般来说，人在内在的意识层上只有一个身份，被称为主人格。而主人格主导下的所有的情感、思想和言行都是稳定的，保证人的行为处事和感受保持相对稳定的特征。但是，身份认同的统一并不是与生俱来，它是一种能力，依赖于后天各种资源和经验，是逐渐发展起来的。但如果人在成长的某个时期遭受伤害，难以承受巨大的精神刺激，又缺乏同情、抚慰和自我保护的能力，就会突然转变出另一种身份——次人格。次人格会拥有另一个身份的情感、思想和言行，与主人格有差异或截然不同，而主人格却不知道它的存在。案例中的莫小桑即是如此。孩童时期，她遭受继父的多次性侵，这种巨大的创伤她无法应对，迫使她的身份认同能力的发育被阻断，出现偏差，使许多本该组合于同一身份中的特质仍然处于孤立状态。她无法在意识中将个人的记忆、知觉和身份统一起来，造成人格分离，形成分离性身份障碍。

分离性身份障碍的形成是多种因素相互作用的结果，比如创伤事件、强烈的应激事件，成长过程中防御能力的习得。国外调查研究也似乎证明了这一点：调查中，100 个患者里面除了 3 个人没有报告，其他人都遇到过一些心理上的创伤，最常见的是性虐待。30% 的患者报告曾经遭受性虐待，其中

68% 的患者遭受的性虐待涉及乱伦。大部分患者声称在儿童期就受到身体上的虐待。还有近一半的患者报告在小时候曾目睹暴力场景，施暴者通常是父母中的一方或者兄弟姐妹。

那么，人格分离对于那些小时候心理受到伤害的人有何意义呢？心理学家大多认为，这可能是受到惊吓的儿童用来远离他们现实生活的一种策略。当儿童的主人格无法承受痛苦和焦虑时，就有次人格站出来替主人格承受这些痛苦和焦虑，即通过人格分离减少伤害恐惧和焦虑。因此，患者的那些次人格要么停留在创伤之前，要么与主人格相反……这样，似乎伤害就能减小，或仿佛不曾发生过。虽然很多患者的经历表明，童年虐待史是发病的重要因素，但是这并不说明所有的患者都有虐待史。因为，有些没有虐待史的患者，在童年早期如果遭受过重大创伤（如父母亡故、疾病、重大灾难、恶劣生活环境等），或经历过重大的应激事件，也可能罹患此症，比如一个童年时代多次经历重大疾病或手术的分离性身份障碍病人，他有明确的创伤史，但没有虐待史。

当然，也不是每个经受童年虐待和创伤的人都会发展出多重人格，因为个体的发展有赖于个体在儿童时期能否成功地将各种复杂的信息和经验加以整合。所以，多重人格病人原本的人格特质也是很重要的因素，比如容易被催眠，这一特质与分离性素质联系密切。同时，它被认为是分离性障碍的患病因素之一。当然，绝大多数有这些特质的儿童还是具有正常的适应能力。如果在发生重大创伤事件时或之后，能够及时地得到成人的保护和抚慰，掌握一些应对心理危机的策略，他们或许将顺利地度过那些不同的知觉和情感分离的阶段，获得对自己和周围人统一而复杂的认识，也不会发展成分离性身份障碍。

另外，有些研究者提出分离性障碍是未经诊断的癫痫的副产品，也可能与海马或 5- 羟色胺水平的变化有关。

心理学家解析

精神分析学派创始人弗洛伊德认为，人有许多基本的愿望与现实和超我（人的良心和自我理想）有着直接的冲突。换句话说，这些愿望由于受到了现实和超我的限制，是无法实现的。如果愿望迫切需要满足，却得不到满足，人是不会善罢甘休的。于是，在潜意识里心理冲突激烈，最终的结果就是出现焦虑。所以，痛苦的焦虑预示着自我压抑了这些愿望，这是一种自我防御的方式。分离性障碍正是这种极度的适应性的防御，只不过是防御过度，是患者别无办法后的本能选择。分离性漫游症是患者通过遗忘自己以前的身份和曾经的不寻常、令人不快的经历，把自己变得像一个初生的婴儿一样，在新的环境中重新做人，来缓解心理上的焦虑。

心理动力学家认为，人格解体障碍的中心症状——疏远体验，这其实也是一种心理防御机制。患者通过对外界及自身的疏远，达到逃避由外界及自身激起的焦虑的目的。患者希望自己宛如一个做梦者，发现自己刚才所做的噩梦不是真实的，只不过是一场虚惊，心中顿生如释重负的舒畅感。而分离性身份障碍患者则迫使原有的自我遗忘一段伤痛经历，并通过分裂出一个又一个不同的、不被认可的自我来分担痛苦和焦虑，从而保护自己。当然，这个自我防御的过程是在潜意识中进行的，患者本人是意识不到的。总之，分离性障碍的分离的主要功能是减轻焦虑，这种假设被称为焦虑减轻模式，得到一些研究的支持。

心理学家认为，当一个人具备特殊分离能力即能够把注意力高度集中在一个事物上时，就可以从创伤中解脱出来。所以，当拥有这种能力的孩子遇到无法抵抗的应激事件时，分离性身份障碍（DID）就会出现。这个过程是这样的，假如一个孩子遭遇性虐待事件，痛苦无助，需要成人的关爱和帮助时，却没有任何成年人来关注他的伤痛，他就会想象出一个同伴，并放大他，用这个假想的同伴来抑制被虐待这个事，这样他就把假想同伴和自己隔离开了。这也可以解释为什么 DID 患者分离的次人格中常有儿童这个从属人格，而这个次人格可能会保持好多年。但是也有研究反驳了这个观点，因为有些有同样症状的患者没有虐待史。

行为主义学家则认为，分离性障碍就是一种通过学习获得的反应形式，而所有症状产生的主要动机是获得奖励或解除应激。在这些病症中，所获得的奖励性结果就是保护自己免受应激事件的伤害。例如，分离性漫游症患者在其漫游的那段时期遗忘了过去的经历，就可以远离对他有伤害或引起他焦虑的地方。这样，他就可以逃避漫游期间自己行为所带来的后果，并可以开始一段新生活，而不用像一个正常的成年人一样必须对自己的行为负责。总之，分离性行为和其他行为一样，是强化的结果。

社会文化理论也认为分离性症状是社会强化的结果。有心理学家认为，分离性身份障碍是人们用来引起同情和逃脱其特定行为责任的一种策略，借口那些行为是他们自己另外的不负责任那部分做出的，从而逃避责任；也有学者认为，患者的一些分离性症状是因为接受医生的暗示才出现的，实际并不存在。例如，著名的杀人狂肯尼思·彼安奇被捕并接受了专业医生的精神评估后，他表现出分离性身份障碍的症状，并试图以这种形式谎称自己精神错乱来逃脱自己的罪责，但终被识破，获刑入狱。

一些心理实验也证明了这点，一个正常的人是可以在情景要求下，为自己制造一个从属身份，把对自己的责备转移到从属身份上，从而让自己摆脱焦虑和良心不安。但是，并不是所有的 DID 患者都曾犯过罪，他们几乎没有假装 DID 的必要。所以，有些心理学家反对这个观点，认为不是所有的 DID 患者都是有目的、有策略地展示这些臆想的身份。分离性障碍患者被证明与一般人人格特质很不相同，他们大多极富想象力，热衷于幻想，且非常容易被暗示和催眠。

认知理论认为，分离性症状出现的根源是患者的记忆功能障碍。在每个个案中，被分离的内容全部或部分是患者自己曾经的经历。而患者的技能（程序性记忆）如买车票、定旅馆等生活技能，和一般知识（语义记忆）的记忆如专业知识，通常是没有受到损坏的。真正被削弱的是患者的情景记忆，或者是个体经历的记录，当然，这不是全部的内容，只是一部分。患者所表现出来的分离症状是由于他们压抑曾经的记忆或经历至自己的内隐记忆中，或者失去了使这些记忆恢复到意识层面的能力。也就是说记忆仍在，只是没有办法成为外显记忆，无法上升到意识层面里，或者说无法浮现在脑海里。

为了解释患者的情景记忆是如何被削弱的，心理学家提出两个认知理论。一个理论是针对状态依赖记忆，如果人们处在与事件发生时相同的心境状态，那么就更容易回忆起这件事。例如，游乐场游玩的成人在心情舒畅的同时，很容易想起小时候和父母来此游玩的情景。因此，分离性漫游症患者遗忘的原因也与情绪状态有关，因为遗忘是在患者受到极大心理创伤后的反应——在极端的情绪下发生的。而极端情绪很难再现，所以患者就没有办法自行恢复记忆。不过，一旦让患者发病时的极端情绪再次出现，那么患者就可能很快地恢复记忆。

分离性身份障碍亦是如此，患者的典型症状是每个身份在不同的心境状况下具有不同的特征，而身份具有与那种情绪相一致的心境和记忆。例如，患者愤怒时，人格便呈现出好斗、凶狠、反社会倾向。快乐时，人格便呈现出一个儿童的状态，天真无邪。正是因为记忆对情绪状态的依赖性，才导致一种身份忘记了另一种身份的存在。而引起一种身份向另一种身份的转化也是因为患者受到强烈情绪的刺激，例如，患者主人格是一个普通、温顺的女子，但受到男性的攻击时，愤怒之下，次人格出现，变得十分暴躁，具有攻击性，因为次人格可以帮助她处理危机和表达愤怒。

另一个认知理论认为分离性症状与重构记忆有关。重构记忆是对原初记忆的重新组合和加工。人的记忆本质是重构而非复制，记忆的过程不似摄像机拍摄那样原样记录，回忆更不是录像重放般一丝不差，而是将一个个记忆的碎片拼凑成一段合理的心理表征。人格解体障碍是在现实感上出现认知和记忆提取失败，患者无法把现在的体验和过去的记忆对应起来。就像回到自己家，但房子已经重新装修了，有种陌生又疏离的感觉。分离性身份障碍患者在重构记忆时，那些关于过去经历的背景、情绪或知觉特征提取得不够多，且没有形成一个合理的轮廓，所以在对记忆编码时出现了错误，于是发展出一些交替人格。因此，在提出记忆的时候，也会出现交替人格，每个人格有属于自己的特质和经历。就好像电影里的角色，是记忆这个导演赋予了他们生命。所以，记忆功能障碍是导致分离性症状的根源。

总而言之，多数关于分离性障碍的理论都有这样一个假设：分离是人们逃离超出他们处理能力的情景的一种方式。

第二章 02

躯体症状障碍

疼痛在身上游走，所到之处，无不令人胆寒。可经年累月地求医问药后，病魔仍然在暗处呲着大白牙冷冷地狞笑。是不幸罹患了疑难杂症，还是未遇良医妙药？就这样，一个人孤独地承受着身体的苦痛，在绝望中挣扎。这绝望压垮了意志，腐蚀了心智，耗光了生命的能量。然而，沉浸在自怨自艾中的人们不知道，这些所谓的疼痛其实是身体在无言地诉说，诉说着来自心灵深处，灵魂长久煎熬的苦痛和无助。灵魂不会表达，躯体替它代言。所以，真正的病根不在身上，而在心上。

躯体症状障碍是以各种躯体不适症状作为主诉，经各种医学检查证实无器质性损害或明确的病理生理机制的存在，但仍不能打消患者疑虑的一类神经症。有证据表明，本病是与心理因素或内心冲突密切相关的精神障碍。临床中可分为：体象障碍、躯体化障碍、疑病症、未分化躯体形式障碍、躯体形式自主神经功能紊乱、躯体形式疼痛障碍等类型。所以，躯体症状障碍的主要特征是心理冲突采取了躯体和生理的表现方式，即用躯体和生理上的不适和疾病来缓解心理冲突带给患者的焦虑。

第一节 受不了自己的“丑”
——体象障碍

“身体发肤，受之父母，不敢毁伤，孝之始也。”然而，又有多少人能这样坦然地接受“原装”的自己？毕竟，“原装”的自己并不是自己预先设计好的，不全合乎自己的心意。虽然体貌不是一个人安身立命的必要条件，“腹有诗书”也可弥补一下遗憾。可总有人不愿向命运低头，执意要“改头换面，重新做人”。为此，人们开始“改良”自己，在追求完美体貌的道路上越走越远，以致走上歧路，迷失自我。

案例回放：我的眼睛一大一小

“我的眼睛一大一小……太丑了！我必须整容。”坐在学校心理咨询室的沙发上，柳青燕坚定地说。

“其实，你是个很漂亮的姑娘。”心理老师说。她的话并不是为了安慰或是敷衍柳青燕，而是由衷而发。

柳青燕刚刚 20 岁，身高一米六五左右，十分苗条。椭圆的脸上五官端正，肤色也较白皙，乌黑的长发很柔顺地披在肩头。虽算不上绝色美女，也是那种让人一看就会眼睛发亮的女孩。她和“丑”这个字，是无论如何也扯不上一点关系的。

“我觉得我没有什么心理问题。只要在再把我的这只比较小的眼睛做个开眼睑小手术就可以了。之后就不会再做了。”柳青燕轻描淡写地说。

当她把她的这个要求告知父母，恳求他们再最后支持一下她的整容计划时，遭到了全家的反对。父母觉得她是魔怔了，而同样是大学生的姐姐认为自己的妹妹有着严重的心理问题。所以，他们一再地说服她找心理老师谈谈，再决定要不要整容。

柳青燕在一年之内做过两次整容手术——垫高鼻梁和隆胸。所有这些手术都必须瞒着家人做，为了筹措做手术的钱，她不得不省吃俭用，把自己的生活费节省下来，用于整容。她还借了贷款。要不是父母长久没有看到她，派姐姐去探望她，还不知道她居然胆大包天地自己走上手术台，更不知道为此她掉入贷款的陷阱，差点毁了自己。

“你说你的眼睛一大一小，可是我怎么没有看出来？”

“你仔细看看！真的是一大一小，多难看呀！”柳青燕特意向前探着身子，以便心理老师看得更加清楚。

“你是什么时候对自己的样貌不满意的？”心理老师暂时不想和她讨论眼睛大小的问题，知道她现在持有这种偏执想法，只会坚信自己的判断，听不进任何劝告，没有人能说服她，于是换了一个话题。

“从小……反正，就没有满意的时候。”柳青燕说。脸上闪过一丝落寞的神情。

柳青燕姊妹两人虽然年纪只相差两岁，生长在同一个家庭，成长的境遇却相差甚远。姐姐从小就乖巧可人，像一只白天鹅。而柳青燕却只是跟在白天鹅后面、躲在阴影里的那只丑小鸭。姐姐不但长得好看，个性好，而且学习好。而柳青燕虽然长得也不丑，但个性内向、孤僻，学习成绩一般。所以，无论是在家里，还是在学校里，她的耳朵里都灌满了老师和父母对姐姐的赞誉之声。不幸的是，这赞誉之声的结尾永远是那句“你如果像你姐姐就好了”。这让小小年纪的她感到有很大的压力。她愤怒、委屈、无助，却也无处躲藏，因此一直很自卑。

“看看，婷婷长这么漂亮像谁呀？”妈妈总是捧着姐姐的脸，得意地问道。

“当然像妈妈了。”姐姐也总是这么乖巧地回答着。

“真是妈妈的乖女儿。”这时，妈妈也总忘不了顺带揶揄一下身旁的柳青燕，“不像你，长得一点儿不像我，像你爸，这么丑。”

这幕经常上演的情景，就这样烙印般地刻在了柳青燕的心里。从小，她就知道因为自己不漂亮，所以妈妈喜欢姐姐不喜欢她。每次妈妈都给姐姐买很多漂亮的衣服和头饰，而她基本上都是捡姐姐用过的或不要的。

童年的哀伤融进了她的血液，她变得更加沉默寡言。自卑也像影子一样与她紧紧相随。即便是她长大成人后，听到有人夸奖她“你长得很漂亮”，她也无法相信，觉得别人不过是随口说说，并不是出于真心。

走进大学，柳青燕开始了她的初恋。面对这段亲密关系，她的内心其实是十分惶恐的。依她一贯的思维，她不敢相信自己会被一个人爱，尤其是这个男人还那么有才华、有气质。所以，她内心会不由得怀疑这个男人对她的情意。他是真的喜欢我吗？难道他别有所图？她常这样问自己。

“你真的爱我吗？”“你觉得我漂亮吗？”也成了她反复问男朋友的常规问题。

虽然每次都能得到肯定的答案，但是这无法让柳青燕安心。

闺密提醒她：“这么好的男人，你可得看好了，不然不知什么时候，就被别的女人给拐走了。”

这些话犹如冰水灌顶，让她心惊不已。可怎么才能抓牢这个男人的心呢？她不知道。除了不断地求证，她没有别的什么好办法。于是，男朋友出外必须时刻报备；不能和其他女人有任何交往；电话和微信要秒回……她提出了诸如此类的苛刻要求。如若不从，柳青燕便会上演一哭二闹的苦情戏。男朋友实在是怕了她，便尽量依着她，这搞得男朋友不胜其烦。

某一天，寝室的一位同学去割了双眼皮，大家都说她漂亮多了，像换了个人。这似乎一下点醒了柳青燕，她决定攒钱去整容。因为，有同学无意中说过柳青燕五官都好看，就是鼻梁有点儿塌。

“你为什么不和我商量商量就去整容？”男朋友不满地说。

“我不是想给你一个惊喜吗？我不是想更漂亮一些吗？”柳青燕委屈地说。

“可是，我就是喜欢你本来的样子呀。”男朋友说。

但当柳青燕看到整容后自己在镜子中的样子，听着寝室同学的赞美声时，她觉得一切的付出都是值得的。走在校园里，好像自己的回头率都增加了，别人看她的目光也不一样了。从那些目光中，她觉得自己看到了羡慕和嫉妒。

然而，正当她为自己的美丽而窃窃自喜时，她的男朋友却对她越来越冷漠。无论她怎么闹，都没有办法挽回男友已经走远的心。两人的爱情只持续了半年。

有一天，柳青燕在校园里偶遇了前男友，他的身边又有了新的女友。而这个女友在她看来没有她漂亮，也没有她有气质，唯一比她强的是身材较为丰满。她忽然怀疑，是不是因为自己的身材过于瘦削和平板，才败给这个女孩。于是，她又有了新的整容目标——隆胸。她甚至不惜借高利贷，以达成自己的愿望。

她一直无法接受男朋友的离开，时常想，也许自己再完美点，就可以把男朋友追回来。

男朋友是难以再追回了，而她对自己体貌上的苛求却再也停不下来。某天，在一次长时间地照镜子后，她觉得自己的两只眼睛不对称，一大一小。这个发现让她痛不欲生，羞愧难当，觉得简直没脸见人。从此，她尽量减少出门。迫不得已要出门时，也要戴着一副墨镜。

最终，姐姐发现了妹妹的全部秘密，说服她走进了心理咨询室。

心理医生手记

柳青燕，女，20岁，有一姐，生长发育正常。诊断为：体象障碍。

体象障碍（又名躯体变形障碍）也称为丑人综合征，是指患者对其不存在的或轻微的缺陷的一种痛苦或有害的先占观念。外貌正常的人总想象自己的外貌有缺陷，或对轻微的躯体毛病过度担心，这种观念会引起个人明显的痛苦或影响个人的社会功能，且不能为另一种精神障碍所解释。体象障碍是一种相对常见的精神障碍。

据调查，此病症在人群中的整体比例为0.7%~2.4%。发生的年龄段也很广，5~80岁都有可能。起病的时间较为集中，主要是在青春期的早期阶段，平均年龄为16~17岁。另外，体象障碍没有明显的性别差异。对男性而言，有一种特有的体象障碍是患者专注于自己的身材和肌肉，认为自己身材矮小或肌肉不够发达。这种障碍患者会过度地运动以增加体重，或服用雄激素、类固醇等方式使躯体变得更强壮。这样做有时会导致躯体损伤。

“从小，别人都夸姐姐漂亮。大眼睛，高鼻梁，红扑扑的小脸，就像个洋娃娃，从来就没有人夸过我。”柳青燕喃喃地说，“长大后，倒是有人开始夸我漂亮。但我不相信，总以为别人是客气。每当照镜子的时候，越看自己越觉得自己哪哪都有问题。我觉得我两只眼睛不一样大，好难看，不想出门，连课也不想去上。”

青少年阶段正是自我意识高度发展的时期。他们开始关注自己的一切，尤其是外貌。这使得有些孩子过度地在乎自己的体貌，比如早晨洗漱时看一看皮肤够不够光滑；有没有长痘痘；发式够不够酷；新衣服够不够新潮；最近有没有长胖……所有这些都可能会让他们担心、焦虑。如果这种焦虑是偶发的、非持续性的，大多数人调整一下自己的心态就能够很快有效地缓解和消除。所以，人有体象焦虑是个正常现象。但是，如果一个人对自己的外貌过度关注，总觉得自己太丑，认为自己的身体难以令自己满意或不符合社会审美，并为此时时焦虑，导致精神萎靡不振，特别痛苦，甚至开始影响社交活动和生活时，那她就有可能得了体象障碍。案例中的柳青燕便是个典型，为了美已经失去了正常的判断力。

体象障碍患者头脑里有很多关于容貌的执念，其中有一种占优势的观念，就是“我不漂亮”“我的外貌是有缺陷的，我很丑”。照镜子时，他们会被这种观念影响，过度关注不足或者将不足进行夸大。从时间上来说，他们大约每天有 3~8 个小时，都在被自己的先占观念影响着。而且，他们对这种观念深信不疑，不听劝说，总觉得别人在刻意地安慰自己。柳青燕就是一个对自己的体象一直持否定态度的人，总觉得自己体貌有问题，由此产生体象焦虑。这种焦虑是患者自己很难抵抗或控制的，严重地影响了个人生活和社会功能。

“我无法容忍自己的不完美，我要变得完美。所以，我开始整容。整容后，我觉得自己变美了，我会高兴、自信一段时间。但不久，我又会找出自己的问题，就又想去整，完全控制不住自己。我心情很糟糕，做什么事都提不起劲儿。”

体象障碍者就像给自己的双眼装了放大镜，在观察自己的脸、鼻子、眼睛、皮肤、大腿等部位时，总会发现自己身上有瑕疵、不完美，并放大这些不完美，因此感到痛苦、自卑。患者为了缓解自己的焦虑和痛苦，就会尝试用各种手段去修正这些不完美。而这种行为模式会成为一种习惯，因为一个人总有太多的不完美。就这样，一旦体象障碍者发现自己哪里有问题，便会迫切地、无止境地采取措施，改变再改变，形成一种具有强迫性质的恶性循环。

一般来说，体象障碍患者有三类典型行为：第一类是强迫行为，强迫性地重复一些特定的、耗时的行为，比如不停地照镜子、不满意地频繁化妆，总是询问别人对于自己外貌的看法，挑剔皮肤、五官和身材。第二类是安全行为，主要掩饰自己觉得是缺陷的身体部位，例如戴帽子、戴眼镜、化妆，避免尴尬或被人羞辱。第三类是躲避行为，病人常常回避社交场合，害怕别人说自己丑，担心生活和工作会因外貌而受到负面影响。这些行为都是为了减少焦虑，但是这些行为并不能减少先占观念的紧张度，无法减少焦虑，甚至会使体象障碍变得更严重。

“我总觉得周围的人看不起我，议论我，说我长得难看。每每想到这些，心里特别痛苦、恐惧、自卑……但是，家人和周围的人都说我想多了。她们都不理解我，我很生气。”

体象障碍者自觉长得“丑”、自信不足、自尊感低，所以负面情绪很多，主要有焦虑、羞耻、抑郁和厌恶。而这些消极情绪有时难以被其他人察觉，他人即使觉察到，也不以为意。但患者的痛苦是实实在在的，难以忍受的。所以，很多人会为了防止其他人对自己做出负面的评价而躲避社交活动。当他们不得不参加公共活动时很敏感，会过度地装饰，用浓妆、特殊的发型、帽子、眼镜或是厚重的衣服，来掩盖自己以为的缺陷。有些患者则走上了不断整容的不归路。

体象障碍患者的致病原因是多方面的，客观因素有家庭教育方式、家庭遗传、创伤经历、性以及情感冲突等因素。主观因素有个性好强、完美主义、自卑、多疑、空虚……案例中，柳青燕从小生活在姐姐耀眼光环的阴影里，无论是父母还是周围的人都没有关注到她的情感需求。尤其是母亲，有意无意地对她的相貌和能力予以否定。这样，她从小生活在被别人拒绝和嫌弃的环境中，长大了也无法摆脱这种恐惧，时刻想着如何取悦别人。这让她对美的感知和认知发生了偏差，形成错误的审美理念和标准。并且，缺少关注和鼓励的成长经历造成柳青燕压抑、自卑、低自尊、追求完美等不良人格。后又遭遇失恋的打击，多年淤积的焦虑无处排泄，发展为体象障碍者。

体象障碍患者大多长时间封闭自己，远离人群，感到自己毫无价值、没人关爱，所以患者大多处于单身或离婚状态，因为他们很难开始和维持一段关系。不良的生活状态和糟糕的精神状况使有些患者存在暴力、物质滥用、自伤和自杀的想法和行为，给自己、家庭和社会都造成不可挽回的损害。最终，导致精神萎靡、工作能力下降、社会关系不良、性关系危机、生活质量大大下降等后果。

体象障碍是一种精神类疾病，不是因对自己外貌的不满意而出现的短暂心情波动，所以很难矫正。体象障碍不会随时间的流逝自动得到缓解或解决。如果不及时就医，患者对自己体象认知只会越来越扭曲，越来越消极，病情会逐渐加重。此外，体象障碍常与其他的一些心理疾病“抱团”结伴而行，譬如强迫症、抑郁症、恐惧症和进食障碍症等。也就是说，体象障碍患者常常患有其他的心理疾病，需要综合治疗。

第二节 总也治不好的病
——躯体化障碍

身体的疼痛那么真切，那么令人无奈。经年累月，人们即便像神农尝百草一样吃下无数的各色各味药丸，疼痛仍像膏药，紧紧地贴在身上，驱赶不走。不甘心就这样痛苦地活着，人们疯狂地，满世界苦苦地寻找着经世良方、灵丹妙药。可是，人们不知有些病痛并不是仅靠吃药打针就可以根除的。因为，病症的根源可能还在我们心里。唯有医病亦医心，才有希望驱除病魔，早日康复，让生命得以重获生机。

案例回放：年轻的病秧子

大学一年级新生马向没有像其他新生那样看上去朝气蓬勃、志得意满，憧憬着自己崭新的生活，而是一副病恹恹的样子。他一天到晚无精打采。

这是因为他晚上总睡不好觉，常常头痛、胃痛、心闷……总之，浑身哪儿都不舒服。而且这些不舒服从上高二的时候就开始了。他还记得那是一个很平常的早晨，起床时，他突然觉得自己的心脏猛烈地震动了一下，他吓了一跳，马上感到有些胸闷气紧、心跳不已，心脏隐隐有些痛。他深深地吸了几口气，症状似乎缓解了一些。但从那天后，这种情景时不时地会发生。即使没有发生，他也时刻担忧着。渐渐地，他开始睡不踏实，头也开始痛，食欲不振。他不得不央求父母带自己去医院看病。

尽管家乡附近的各种医院他都光顾个遍，但是医生们各说各话，也没有谁能诊断出一个确切的病症，只是开了一堆药。虽然严格遵医嘱吃了药，但这些痛好像在和他玩捉迷藏，时好时坏，捉摸不定，这让他有些抓狂。

高中最后两年，他过得很是艰难。既要应付繁重的学业，还要抽时间看病，他感到心力交瘁。原本他一直是年级的尖子生，不论是老师还是父母都对他寄予厚望。结果他高考失利，只考上了这个二本学校，这让他的大学生活一开始就陷入一片灰暗，情绪一直很低落，身体的疼痛非但没好，似乎还有加重的迹象。

“马向，你不去上课吗？”同寝室的小杨问他。

“我不太舒服。”马向躺在床上，有气无力地回答他。

“你病了？要不要去医务室？”

“去过了，已经拿了药。我昨晚没睡好，你不用管我，帮我请个假。”

“那好吧。”小杨和其他同学离开寝室。

“这马向怎么回事？从开学到现在，不是头痛就是肚子痛，好像从没有哪天不痛。”有一个同学在去教室的路上，不解地说。

“可不是吗？典型的病秧子，就没见过他高兴的时候。”另一个附和道。

“别这么说，也许真的生了什么病呢。”小杨说。

马向躺在床上，听着寝室同学走远的脚步声，感觉寝室突然变得如此空旷，像一片荒野，寂静得让人害怕。他想翻个身，但一动就感觉浑身酸痛，只好放弃。本想想点高兴的事，却不料一股心酸突然涌上心头，他觉得自己被这个世界和这个世界的人给抛弃了。没有人懂得他的痛苦和无助，即使是父母。一想到这些，他实在高兴不起来。昨夜一连串的噩梦，尽管具体的细节已经想不起来，但噩梦残留的戾气也令他心惊不已。痛苦时，他有时会觉得活着没有什么意义，这样半死不活，还不如早点解脱。

“马向，你不吃中午饭吗？要不要我帮你带？”迷迷糊糊中，马向听到有人在说话。

“什么？”他有气无力地问。

小杨又把刚才的话复述了一遍。

“好吧。带点素面吧，谢谢。”马向说。

迷糊了一上午，他感觉好点了。估计小杨快回来了，他慢悠悠地起了床，胡乱地梳洗了一下，趴在桌上等着。寝室外，有人高谈阔论，他发现自己居然听不明白他们在说什么，好像自己和他们在两个世界。

“你别再请假了，老师好像不太高兴。”小杨对马向说。

马向抬头看了小杨一眼，想说什么却没有说出来。

他也知道自己这样下去后果很严重。可是，他就是浑身不舒服，精神不振，每天只想着怎么治好自己的病，对其他事情都提不起兴趣。可是，现在病非但没有减轻的迹象，反而越发严重起来，这让他十分恐慌。

晚上，他决定还是给父母打个电话，把自己的情况再说一遍。

“妈妈，我上次的药快吃完了，但是头和胃还是不太舒服。”他在电话里和他妈妈说，“你能不能给爸爸说说，让他再给我点钱，我想到人民医院找专家再看看。”

“不行！”电话里传来父亲的声音，“你说说你，从高中到现在，看了多少医生，吃了多少药，花了多少钱？钱都给你看病，家里不过日子了？”

“我不也是想早点治好病，能正常地生活嘛。”马向争辩道。

“医生说了，你不是什么大病，自己注意保养就可以了。不用看！你好好吃饭睡觉就没事了。”

“我有病，不吃药我好不了！”马向气愤地吼道。

“吃了也白吃，你根本是在浪费钱！”父亲说。

“好，你们不管我，让我病死算了，你们别后悔！”马向赌气地说。

第二天，他收到了钱。母亲留言：这是最后一次了。

马向取了钱，马上跑到人民医院，挂了个看上去目光炯炯、一脸威严的专家的号。他觉得这个专家单从面相上看，好像很权威。

专家听完他的讲述并仔细地看过他的病历后，说：“你最好去心理科看看。”

心理医生手记

马向，男，19岁，有一姐一妹，生长发育正常。诊断为：躯体化障碍。

躯体化障碍是一种以持久的担心或相信各种躯体症状的优势观念为特征的神经症。该病表现为多种多样、经常变化的躯体症状，可涉及身体的任何系统和器官，常为慢性波动性病程，病程一般很长，长达几年，时好时坏，总也好不了。

患者因这些症状反复就医，各种医学检查结果为阴性，并且医生的解释均不能打消其疑虑。即使有时患者确实存在某种躯体障碍，其严重程度也并不至于让患者如此痛苦与焦虑。患者如临大敌，惶惶不可终日，在陈诉病情时，显得十分戏剧化和情绪化，称这些症状“难以承受”“不能描述”或者“无法想象”。

其实，躯体化障碍患者并没有器质性的病变，症状都是心理因素引起的。症状多出现于青少年时期或成年早期，患者最早以模糊的躯体不适为主诉形式，典型的症状有头疼、恶心和呕吐、胀气、腹部疼痛、腹泻和便秘、月经不调、性冷淡、尿失禁，等等。此病患者女性多于男性。

“我的身体一直还可以，也没生过什么大病。可是，自从上了高中，不知道怎的，身体越来越差。特别是高二以后，总觉得身体有些不对劲儿，时不时地，不是头痛就是胃痛，无法忍受。后来，有时全身都不舒服。吃了药也只能缓解一阵。”马向说。

马向身体上的不适已经经过多家医院和医生的诊断，并没有器质性的病变。然而，他吃了那么些药，仍然没有感到好转，反而觉得自己的病越来越严重。追根溯源，他发病时间是高二，自诉那个时候学习任务繁重，有些不堪重负，几次单元小测验的成绩都不理想。他无法接受自己成绩的下降，于是，那些焦虑、沮丧、担心、恐惧等负面情绪纷至沓来，淤积在心里，无法排解，却也无人可倾诉。终于，有一天早上，当心脏出现一点异常时，他整个人被吓蒙了。自此，就像打开了潘多拉的盒子，各种病症接踵而来。从此，他的身体健康每况愈下。详细地了解过他的成长经历和发病过程，可以窥见心理因素在病程中所起的作用。马向由于从小到大成绩优秀，一直生活在赞扬声中，这在无形中给他非常大的心理压力，而接连几次考试的失败使这种压力到了顶峰，超出了马向所能承受的极限。他开始烦躁、睡不着、头痛、胸闷……

所以，马向其实是心理问题引起的生理症状。表面上看是他身体出现问题，其实他是无意识地选择了一条可以保护自己自尊和维护自己形象的途径。他潜意识里是用头痛、心痛等症状在逃避考试，给自己成绩下降、考试失败找借口。好像在告诉大家，我不是没有能力考好，我只是病了，所以才考不好。而这样的选择在潜意识层面里，连他自己都不是十分清楚的。也就是说，那些负面的情绪问题没有以心理症状表现出来，而是转化为各种躯体症状表现出来。用躯体的疼痛表达了内心的焦虑和压抑，以躯体的痛代替心灵的痛。不幸的是，患者没有意识到这一点，一直按单纯的生理疾病来医治，结果久治不愈。

“我虽然还不清楚自己到底得了什么病，但是我知道我的身体出了问题。一定有医生能治好我的病，只是我还没有找到。”马向很肯定地说，“可是，我父母却说我没什么大病，不给我钱看病。我真不想活了。”

躯体化障碍患者一般拒绝探讨心理病因的可能，坚信只是自己的身体出了问题，也不太接受症状与应激性生活事件或心理冲突之间的关联。由于治疗的效果往往达不到他们的预想，他们会不断地更换医生。患者过度关注自己的症状，对其他人和事缺少关心。在人际关系中，患者表现出极强的依赖性。他们渴望得到别人的关注和同情，积极地寻求帮助和情感支持。但是，一旦不能满足便心生怨气，勃然大怒，甚至以威胁和自杀相恐吓，以达到操纵别人的目的。因此，他们在人际互动时，常表现得富有表演性、戏剧性和诱惑性。久而久之，让他们周围的人，包括亲人都不胜其烦，避之不及。所以，躯体化障碍的多数患者会伴有社会、家庭行为、人际关系等方面的障碍。

研究结果显示，躯体化障碍的病因是多因素的。比如，儿童期的创伤事件、人格、慢性压力、文化价值等，对躯体化障碍的形成有着至关重要的影响。有数据显示，受严重虐待的儿童及青少年人群比其他人群更易产生躯体形式障碍。因为早期的创伤会导致心理与身体分离，从而产生躯体化症状。并且，儿童期的创伤事件和不当的教育方式，也会影响一个人人格的发展。那些过度依赖、敏感、胆小、自卑等不良人格，也是躯体化症状出现的诱因。

研究还发现，长期暴露在慢性压力环境中，如紧张的学习和工作、战争环境、恶劣的生活环境，极易引起躯体化症状的发生。因为，慢性压力可以引起自主神经活动紊乱，导致心悸、心慌、胸闷、腹痛、腹泻、便秘、出汗等症状产生。此外，文化价值因素也可能对精神问题和躯体症状之间的联系发挥一定的影响，因为社会文化能够影响精神痛苦的表达。

例如，社会文化所决定的行为准则鼓励躯体症状的表达，而不提倡精神症状的表达。一个人说自己焦虑、不开心，很可能会被人嘲笑或漠视，远不如说自己头痛、胃痛更能获得关注，得到关爱。因为这种表达可以引起别人的理解和同情，患者就可以由此操纵人际关系，免除某种责任和义务。于是，躯体化成为人们对待心理问题、社会各种困难处境、表达痛苦的习惯性方式。

躯体化症状的严重程度和持续时间反映出患者内心的焦虑和苦痛的程度，也反映了患者需要被人照料的强烈愿望。这些症状在帮助患者逃避所应承担的责任的同时，也给患者带来痛苦。从本质上说，躯体化症状反映了患者情感深处的无价值感和内疚感。所以，患者最需要的是心理的救助。通过帮助其完善人格，达到最终治愈的目的。本病以躯体性症状为主，但也可伴有焦虑和抑郁。因此，躯体化障碍患者中有些人多年以后罹患抑郁症，并有自杀倾向。

第三节 我确信我生病了
——疑病症

怀着一种“身患重病”的信念，我就像一个旋转不停的陀螺，辗转了太多的医院。可那些仪器、那些医生为什么没有查出病症？难道是得了什么疑难杂症，医生们已经没有办法治疗？没关系，我用自己的方式检查我的身体，相信一定可以证明我已“身患重病”。千万不要告诉我，我没病。我相信我有病！很严重的病。漫漫求医路，我就这样孤独地一个人踯躅，不知道何时是个头。可是即便如此，也没有什么人能阻止我查清病症的决心，即使是最亲近的人、最信赖的人。总有一天，我会向全世界证明：我真的病了。

案例回放：被艾滋病毒盯上

张小林不知道怎么自己就这样了。他总是在看病，要不就是在去看病的路上。

从小到大，虽然他的体质有些孱弱，但是也没有生过什么大病。即使偶尔感冒发烧，吃点药、打了针也很快就会好。可如今，他恐慌不已，突然觉得自己好像得了某种重病，而最让他痛苦的是，看了那么多的医生，居然没有一次、没有一个人能确诊他的病。这让他更加恐慌，不由得深信自己得了绝症。大家要么是好心瞒着他，要么是没查出来。

张小林第一次觉得自己得了病，还是缘自一次很不光彩的经历。在他大三的那个暑假，一个酷热的天气里。

那天，他清楚地记得是暑假的最后一天。母亲一直唠叨，说马上要开学了，得注意点形象。你头发太长了，该剪了。于是，他走出家门，来到附近一个小小的理发店，它在一个悠长的巷子里。为什么那么多理发店，他要选这个？后来，他问自己。只是因为它的价格最便宜，还是因为以前读高中时时常路过这里？有个 30 岁左右女子常常坐在门口，斜眼看着路过的行人，嗑着瓜子，一副爱搭不理的模样。有些风姿，有些神秘，勾起人的好奇心。总之，他是不由自主地走进了这个理发店，怀着自己都说不清的原因。

“小哥，理发呀？”一进门，媚笑着招呼他的人居然是那个女子。他的心没来由地弹跳了一下。

他红了脸，含混地说：“嗯。”

“想怎么剪呀？”女子用手轻轻地抚弄着他的头发。在他耳边低语时，口气温热，拂过他的耳郭。张小林感觉心里慢慢升起一簇火苗，身体开始燥热起来。

“剪短就好。”他哑着声说。

“嗨，还有点害羞。”女子哈哈笑着，和周围的人说。周围一个发福的中年男人和另一个大脸的中年妇女跟着笑了起来。

女子手法娴熟，剪刀清纯的咔咔声让张小林如听一首欢快的歌。

很快，剪完头，洗干净。女子送张小林出门，张小林低着头，不敢正视女子的脸。女子突然在他耳边说了一句：“晚上有空过来玩吧，我一个人在。”

这句话好像被锤子打在了张小林的心上，嵌了进去，怎么都拔不出来。一天下来，他脑袋里昏昏然，想不了别的，时不时地冒出这句话。他隐隐地知道女子的邀约所包含的别样暧昧。虽然理智告诉他，不能理会她，但是想到就要大学毕业了还没有交到女朋友，还有因为连女孩子的手都没有牵过被朋友们嘲笑的情景，他不免有些气恼，心思不免有些蠢蠢欲动。

于是，鬼使神差般，欲望战胜了理智，他在夜幕降临的时候走进了理发店。

事情过后，他回到学校，为自己终于成为一个男人暗自窃喜。但这个喜悦没有持续太久，他就被一件事吓傻了。因为他发觉他的下身不太对劲儿，慢慢有些痒，最后瘙痒难耐，还痛。最后实在无法忍受，只得去医院检查。医生诊断为性病。这个结果像晴天霹雳，击垮了他的整个精神世界。他后悔、内疚、痛苦，从此更是被恐惧折磨着，惶惶不可终日。

尽管后来性病治好了，但是他不相信自己只是得了性病这么简单，他怀疑自己得了艾滋病。于是，他到医院做了个艾滋病的筛查，医生说他的检查结果为阴性。但是，他无法相信他们的话。晚上，躺在床上，他反复地回忆就医时的情景，觉得医生没有认真地给他检查，一定是漏掉了什么。而且，每次去看医生，他都觉得医生们神情慌乱，十分可疑，所以他又换了好几家医院，检查又检查，结论依然是阴性。看着面前一大摞的检查单，他心中茫然，不知道该不该接受这个结论。

每天一有空，他就上网去查有关艾滋病的资料。根据网上对艾滋病初期症状的描述，认真地比对着自己身体出现的各种状况，也多次买了艾滋病试纸来自测，似乎不确诊自己为艾滋病就不罢休。

后来有次，他脖子上的淋巴结有些肿大，他又恐慌起来，害怕是艾滋病的并发症，或是已经是癌症！又做了一圈检查，结果不是！但这并没有让他彻底放心，反正，他总觉得自己身体的某个地方一定正发生着很可怕的改变，只是现在的医疗技术有限，不能查出来。因此，只要身体有一丝的不适，他便第一时间跑去医院检查，怀疑是艾滋病发作了。

自从怀疑自己得了艾滋病，他就再不敢和家人一起用餐，怕感染给家人。在寝室里也不允许别人碰他的东西，尤其是水杯、洗脸盆之类和身体密切接触的东西，生怕传染给别人，也再不和朋友一起外出吃饭了。

带着深信自己有病的信念，张小林寝食不安。

恐惧、忧虑、焦虑等负面情绪耗尽了他的心力。他几乎没有办法正常地学习、交友，他的生活陷入一片昏暗与恐慌。不堪重负的他在朋友的劝说下，走进心理咨询室。

心理医生手记

张小林，男，21岁，独子。生长发育正常。诊断为：疑病症。

疑病症又称疑病性神经症，患者有一种担心或相信患有一种或多种严重躯体疾病的持久的先占观念。患者主诉身体某部位有特殊的不适感、疼痛感或异常感，以为自身患了某种严重疾病或坚信某种异物侵入肌体，如患者诉说肠子被扭曲，患了心脏病等，但经检查则一切正常。患者反复就医，虽然经医学检查为阴性，没有相应疾病的证据，医生也详尽解释，但不能打消病人的顾虑。一般发病年龄男性多为40岁左右，女性多为50岁左右，中老年人居多。但近年来，也有不少年轻人罹患此症。该病病程长短不一，长者可迁延数月或数年。两性间无差异。

疑病症的本质不是什么躯体疾病，而是一种心理障碍。患者对身体健康或疾病过分担心，其严重程序与实际健康情况很不相称。患者有疑病观念且根深蒂固，对通常出现的生理现象和异常感觉惯常做出疑病性解释。虽然缺乏充分的根据，但不是妄想症。躯体化障碍和疑病症似乎很相似，其实两者有着本质的区别。两种病症可能都存在一些生理病症，并且症状都是生理原因无法解释的。但两者的区别在患者担心的焦点这个问题上。

疑病症患者的最大特征是对某特定疾病的恐惧，比如艾滋病、胃癌等。症状本身对患者并没有造成太多困扰，因为症状并不严重，只是他们认为自己有这种疾病而感到困扰。躯体化障碍患者则不同，患者担心的正是症状本身，症状实实在在存在，如头痛、胸闷等。而且，患者对症状方式和态度也大相径庭。疑病症患者会努力采用科学的方法，比如每天量好几次血压、上网查资料、认真记录观察结果。而躯体化障碍患者通常以含糊的、戏剧性的、夸张的方式来描述他们的症状。另外，这两种障碍在患者身上所表现出的疾病的数量上也有差异。疑病症患者通常只害怕一种特定的疾病，因此他们所怀疑的疾病种类一般很少。躯体化障碍患者的疾病通常很多，而且是多样化的，甚至浑身不舒服。

“我好后悔，真不该去做那种事。从小，我父母对我就管得比较严，每天除了学习就是学习，连课外书都不允许我多看，还不准我和女生来往，怕耽误我学习。好不容易上了大学，又不准我谈恋爱。快大学毕业了，连女孩的手都没有拉过，搞得全寝室的人都嘲笑我。”张小林沮丧地说。

张小林所接受的家庭教养方式的特点为高控制和专断。父母设立了太多的规矩，并把过多的注意力放在学习成绩上，使他的生长环境压抑、单调、乏味。也相应地造就了张小林疑病症的易感素质——不良的个性，如敏感、多疑、主观、固执、谨小慎微等，尤其是对健康和疾病太敏感。人对机体内部的各种信息和各种刺激都有感知能力。当一个人的感觉过分敏感，就会把正常生理的感觉疑为疾病，把轻微的小病体验为大病、重病，脱离真实的身体状况。再加上固执、胆小、恐惧……必然会陷入自我怀疑，直至深信不疑的地步，养成经常自我注意、自我检查、自我暗示的不良行为倾向。感觉只有恰如其分才能准确评价机体的状态，让人恰当地看待身体的不适。过分、无根据的担忧反而会诱发多种身心疾病，无病变有病，有病成重病。像张小林在一次不当性行为后，因为染上性病，又缺乏必要的医学常识，加之个性上的缺陷，便诱发了疑病症。所以，易感素质是重要的发病基础。

疑病症发病的主要因素是个体素质。此类病人人格特征为敏感、胆小、主观、固执、谨小慎微、疑心重，对身体和健康过分关注，凡事追求十全十美，害怕犯错。男性患者病前常具有强迫人格，女性则与癔症性格有关。此外，心理社会因素如家庭教育方式、意外、婚变、亲人逝世、认识的人得病等，都可能成为疑病症的诱发因素。很多中老年疑病症患者，尤其是退休或空巢老人，如果缺乏朋友交往，人际关系不良，生活孤独，缺乏安全感又怕死，就有可能发展为疑病症患者。还有一部分病人属于医源性的缘由，如医生不恰当的言语、含混的态度和行为而引起患者的多疑；或者医生诊断不确切，反复令病人做检查，则造成病人产生怀疑患有某种疾病的信念。另有一部分病人，在罹患某种躯体疾病以后缺乏医学常识，通过自我暗示或联想而出现疑病现象。

最后，疑病症一般常伴有焦虑、抑郁、恐惧和自主神经功能障碍症状。

心理学家解析

弗洛伊德发现，在催眠状态下，如果可以引导患者回忆起儿童时期的创伤经历，并毫无保留地讲述出来，那么他们的症状在一定程度上会得到缓解。于是，他创立了一种理论——能量转换理论。也就是说，当强烈的情绪（能量）得不到表达，压抑在心里时，便会以躯体症状的方式如头痛、腹痛、胸闷等表现出来。那么，这些能量是如何产生的呢？青春期的性意识开始萌发时，性冲动可能没有找到合适的方式发泄，压抑在心里，结果产生了焦虑（强烈的情绪）。焦虑得不到发泄的途径，反过来压制了记忆，导致分离性障碍中有遗忘之类的生理症状。总之，这些疾病所表现出来的躯体症状实际上是表达愤怒情感的自我防御机制。因为这些症状减轻了焦虑，而使患者暂时放松下来，这是一种获益。因此，他们的潜意识里其实是不愿意也不急于消除它们这些病症的。这个猜想自然同弗洛伊德的其他一些想法一样，无法被实验证实。

心理动力学的观点与弗洛伊德的想法大致相同，也认为所有的症状都是一种防御，当那些不被接受的愿望被压抑后，就会产生焦虑，而症状可以起到减轻焦虑的作用，不管是疑病症、躯体化障碍还是体象障碍。究其原因，心理学家认为疑病症患者的病症与性能量的释放方式有关。本来这些性能量应该通过适当的途径发泄出去，但是不幸的是因为种种原因没有找到出处。于是，只好将其压抑在内心。但在这个过程中受到了超我的阻碍，最终性能量溢了出来，转化为生理症状。

也有些心理学家把原因归于敌意，而不是性欲。他们认为性意识并不是唯一的原因，敌意也可能导致癔症。比如，在一个案例中，有一个疑病症的女性患者，追根寻缘，是因为得不到家人或丈夫的爱、被伤害，而产生不满、气愤的情绪。这些强烈的负面情绪因为种种原因没有直接地表达出来，而是被转移到了身体上，患者想象自己的身体受到了伤害。这样一来，似乎可以排解一些消极情绪。

由此，有研究者提出了冲突—解决理论来解释躯体化障碍和体象障碍发生的机制。患者是通过得病的方式来缓解内心激烈的情感冲突。心理动力学家还认为，在所有的躯体化障碍中可以推断出存在着一种很明显的倒退现象。即患者在焦虑的困扰下，通过生病，让自己倒退到一个“病小孩”的状态。在这种状态下，他或她潜意识里真实的愿望是受到家人或周围人的关注，可以像婴儿一样得到照料。而在身体健康的状况下是不能获得如此关爱的。所以，获得关注，不用承担成人责任，这是一种获益，被称为二级获益，一级获益是减少焦虑。但是冲突—解决理论的解释遭到了质疑。如果躯体化障碍症状的出现是为了解决内心的冲突，减轻心里的痛苦和焦虑，为什么患者会越来越痛苦？可见，那些症状似乎并没有像心理学家预测的那样很好地完成它们的使命。

行为主义学派认为，躯体化障碍是由于正常的条件反射被打乱，形成了不良的条件反射。一般情况下，当人们遇到一些挫折或不幸等负面创伤时，身体自然会有一些生理反应，如头痛、腹胀、出汗、胃痛、心慌等。人们大多将其视为正常现象，不会太在意，并积极应对，相信随着时间的流逝，这些创伤会淡化直到消退。但是躯体化障碍患者的负面事件所形成的创伤却很难消退。因为，患者习惯把负面情绪压抑在内心，没有合理地宣泄。于是，他们慢慢地陷入焦虑状态。为了减轻自己的焦虑，患者采取了消极的应对方式（病人角色），从而引发躯体化障碍。

所以，行为主义和社会文化学者有一个共同的观点，认为躯体化障碍患者是不恰当地采取了病人角色。患者让自己处在生病的状态——采取病人角色。

他们之所以热衷于当一个病人，是因为病人有着健康人所没有的一些特权，比如可以待在家里不去工作或者不去学校；可以不担负正常的义务；会得到在健康的时候所得不到的关注、关怀和爱。可是，以一般人的心理而言，病人的名声不好听，还会牺牲一些权利，比如自由——不能外出参加一些令人愉快的活动。那么，他们为什么还要采取病人角色？行为主义心理学家认为，一定是患者过去的生病经历，让他有这样一种经验——生病时得到的奖励比没有生病时所得到的奖励多。所以，生病便更具有诱惑力、强化性。就这样，患者经过亲身经历或学习（比较），更乐意做个病人。

社会文化观点还认为，患者惯用病人角色作为心理问题处理的方式，也有可能与他们的文化有很大的关系。在这些文化中，人们面对无法解释的躯体症状时，常常采取一种态度，即用躯体的症状来表达情绪问题。因为，对他们而言，情绪问题的心理表达是不被允许的，可能还会受到更多的指责，这种现象在印度、中国、墨西哥更为普遍。如果一个人总说自己心里难受，很痛苦，一定会被忽视。但如果说自己头痛、胃痛，反而更容易引起重视和同情。并且，由于受文化水平的限制，他们不会用心理学术语来表达情绪痛苦。例如，美国的乡村和低收入人群中，罹患躯体化障碍的人显然比其他地方的人要多。因为，这些群体可能更容易把痛苦躯体化，而不是心理化。

认知学派的观点则更强调认知在问题处理中的重要性。即这些障碍患者的最大问题是认知发生了偏差——错误地解释了身体的感觉。他们的认知形式是倾向于夸大正常的身体感觉，把细微的症状看作疾病的前兆或巨大的灾难（见惊恐发作章节）。当这些患者处于某种应激状态，比如考试、亲人过世、工作压力……就有可能出现消化不良，这个身体的细小变化会被他们很快地捕捉到。于是，他们就会自我暗示自己可能有胃病，甚至患胃癌了。而正常的人却不会这样看问题，他们只会说我现在很紧张，所以身体有点不舒服，这不算什么。认知学派的这一观点得到了支持。因为有研究显示，疑病症患者更为关注身体的感受，容易夸大身体感觉，把常见症状当作疾病，尤其倾向于把症状当成重大疾病或巨大灾难。对于疾病的看法，他们脑子里有很多错误的观念，比一般病患者和正常人更害怕衰老和死亡。

日本的心理学家森田正马一直“现身说法”，他从自己的患病经历中得出一个结论：“神经质”症状纯属主观问题，而非客观产物。它是由患者的疑病素质所引发的精神活动过程中的精神交互作用所致。意思就是说，神经衰弱、强迫观念症、恐惧症、躯体化障碍、疑病症等疾病发病的基础是因为患者的人格里本来就有疑病素质。而有疑病素质的人的主要特点就是欲望太强，特别渴望获得健康、幸福，并追求卓越和完美，同时，其内省力也强。即常过度担忧自己的健康状况、生命安全和精神安宁。所以，他们才会常常把一般人在某些场合都可能产生的感觉，如过度用脑时的头昏，偶尔睡眠不佳、紧张时的心悸等，误认为是病，从而产生恐惧、紧张的情绪。此后，他们的注意力也不自觉地越来越集中在这些“症状”上，感觉越发地敏锐，“症状”也就越严重，最后形成恶性循环，这就是所谓的精神交互作用。

在精神交互作用下，患者内心一直处在冲突之中，焦虑便日渐加重，慢慢形成神经衰弱和各种神经症。森田正马有一天终于悟到以前的病都是假想出来的，自己根本就没有病。于是，他忽略那些所谓的病症，把注意力转移到学习上，渐渐地，他的神经症不治而愈。

另外，森田正马还认为有疑病素质的人是“完善主义者”，他们往往在欲求与现实之间，在“理应如此”和“事已如此”之间形成“思想矛盾”，并力图解决这些现实无法解决的矛盾，对客观现实采取主观强求的态度，促使症状越来越严重。比如，失败后，他们会不断地问自己：“我本应该做好，怎么会这样？”而不是“我已经尽力了，就这样吧”。他们习惯于“强自己所难”，即和自己过不去，不接纳不完善的自己，最终出现生理症状。

也有研究发现，非器质型躯体障碍患者和一些尚无法解释的疾病患者显然大部分具有一种特质——高水平的负面情感，如悲观、自责、胆怯、自卑、害怕等，总体上他们感觉不幸福。如果这些负面情感与情绪表达困难两者相结合，那么人们就更容易把担忧、焦虑引导到自己的身体上来，形成症状。这个解释与弗洛伊德解释一致。加上患者倾向于把生理信号和感觉错误地解释为一场灾难，从此便会长期生活在对疾病的恐惧中无法自拔。

03

第三章

物质使用障碍和成瘾行为

所谓物质使用障碍是指使用精神活性物质导致的精神障碍。临床症状和综合征包括急性中毒、有害使用、成瘾综合征、戒断综合征、遗忘综合征等。精神活性物质则包括酒精、尼古丁、海洛因、可卡因、大麻、兴奋剂、致幻剂等。它们被摄入人体后，会影响思维、情感、意志行为等心理过程，使人出现思维迟缓、情绪低落、行为异常……精神活性物质的不当使用亦称物质滥用，本质上是一种适应不良的药物使用模式。长时间的物质滥用可能形成物质依赖。大量精神活性物质的使用，尤其是药物，一旦发展成药物依赖，会使依赖者的大脑新陈代谢出现一个长期的变化，从而对身体造成永久的不可逆转的伤害。

第一节 中了酒精的毒
——酒精依赖

俗话说:“酒是粮食精。”然而,李白却说:“举杯销愁愁更愁。”可见,即使是斗酒诗百篇、长安市上酒家眠的大诗人,也知醉酒伤身的道理。生活中,酒固然有它种种的好,世人亦曰“小酒怡情”,但是不经意间,酒也会摇身一变,成为绝情的毒药。因为,对于那些嗜酒如命的人,酒早已不再是怡情、养身之物,而是难以抗拒、夺人心智的恶魔。推杯换盏之间,那些人生种种的不幸:生死离别,怀才不遇,爱情受挫……俱化作杯中酒,灌入愁肠。可惜,酒从来都难以解真愁,只会让愁变更愁。

案例回放:踉跄的身影

午夜刚过,一个黑影摇摇晃晃地从一家小酒馆里出来,往旁边一条更幽深的巷子里走去。

昏黄的灯光洒在小巷高低不平的石板路上,冷冷地看着这个男人一步一踉跄。巷子里静寂无声,男人沉重的脚步声分外地响。突然,男人弯下腰,剧烈地呕吐起来。那些没来得及消化的食物从他的嘴里一股脑地喷溅出来。随即,一股腐败食物和醋酒的刺鼻气息弥散开来。男人无法克制地不停地吐着,仿佛要把五脏六腑都吐出来才善罢甘休。可是,吐着吐着,便咳出一大口血。然后,他身子一软,重重地倒在了地上,溅起一片水花,没有了声息。前半夜刚下过一场雨,男人刚好倒在了一摊积水里。他蜷缩在那里,像一堆被谁任意丢弃的垃圾。

夜静默着，也许习惯了人间种种的丑恶景象，选择视而不见。小巷的后半夜空空荡荡，再无第二个人经过，也就没有人发现，有个男人就这样在冰冷的石板上度过了他人生的最后一夜。直到第二天，一个早醒的婆婆提着一袋垃圾出来丢，才看到地上的男人。她慌忙叫来自己的儿子一起查看，发觉事情不妙，男人的身体冰冷，似乎已经没有了呼吸，便拨打了120和110。

宿醉的男人终于还是没能醒过来。警察从他身上的遗物知道了他的身份：李金平，男，40岁。警方找到了他的家人，随即通知了他们到医院太平间认领尸体。

不久，一对白发苍苍的老人、一个中年妇女拉着一个十岁左右的小男孩来到了太平间。老人一看到儿子直挺挺的尸体，号啕大哭起来。老妇人更是边哭边骂道："混账的东西，叫你不要喝了，你偏不听，现在你倒是一撒手什么都不管了。我和你爸爸还有你儿子可怎么活呀？"

有个年轻的医生在旁喃喃地说："请你们节哀！死者患有高血压、心脏病、酒精性肝硬化，又饮酒过量，引起脑卒中……"

中年妇女似乎没有听到医生的话。她麻木地看着眼前的情景，没有悲伤的神情，仿佛与死者毫无关系。同样冷漠的还有她身边的小男孩，他紧紧地拉着妈妈的手，时不时地抬头看看她。似乎在问："妈妈，可以走了吗？"他露出不耐烦的神情，他的妈妈没有回应她。她的眼睛直勾勾地看着尸体：脸庞瘦削，颧骨突出，胡子拉碴，四肢孱弱，大腿几乎和一个正常成年人的胳膊一般粗。唯独肚子像怀了6个月胎的孕妇，高耸着，甚是醒目。她心里不由得抽搐了一下，厌恶地吞了口口水，移开了目光。

虽然这个男人和她生活了十多年，但是她始终不明白，她到底做错了什么，这个男人要那样地对待她和儿子。他在世的每一天都是他们的苦难日。这个男人给这个家庭带来的除了麻烦、恐惧、痛苦，没有任何幸福和快乐。

现在，他躺在哪里，对她和儿子也算是一种恩赐了。

想到这里，她一刻也待不下去了，拉着儿子离开了太平间。来到外面，她长长地舒了口气。感觉心上的一块大石头被挪开了，呼吸也变得通畅了许多。

看着儿媳妇带着孙子走出太平间，老太太本想说什么，终于没有说出口。她扑在儿子的身上，又大哭起来。自己的儿子为什么会变成现在这个样子？也许只有她心里最清楚。

她记得儿子第一次喝酒，是在高二的那个暑假。几个同学聚餐后，儿子带着一身的酒气回家。她曾严厉斥责他，但儿子居然第一次大声和她嚷嚷："我都这么大了，你不要什么都要管。我喝点酒怎么了，哪个男人不喝酒？"

儿子虽然这么说，但好像后来也再没有喝这么多的酒。或许，儿子读大学时也常常喝酒，只是她不知道罢了。而儿子又一次喝得酩酊大醉，已是在他毕业工作后的某一天。她知道儿子是借酒消愁，因为她强行拆散了儿子和初恋女友，又强迫儿子回老家在自己安排的单位工作。这所有的一切是遂了自己的心意，可是儿子一天到晚闷闷不乐，喝酒的次数日渐增多。

她原以为儿子烦恼一阵就会恢复正常，但事情好像并没有她想象的那么简单，也并没有向她希望的那样发展。不管她如何劝诫和责骂，儿子依然如故，逐渐发展到与酒为伴。工作之余，隔三岔五便呼朋唤友喝上一顿，自然每次都以喝到断片为止。即使是一个人独自在家，也能喝上两三瓶白酒。每当酒瘾发作时，整个人就双手发抖、四肢抽搐、恶心、头撞墙，无法忍受。于是，他不分白天晚上，睡醒了就喝，要连喝两三天，不吃饭只喝酒，才能缓过劲儿。

为了尽快结束儿子这种无规律、无节制的荒唐生活，她费尽心思给儿子找了一个好女人。当然，是她自己很满意的女人：善良、本分、勤俭持家、家庭关系简单、有正式工作……但是，她的好心只是一厢情愿，儿子似乎并不太喜欢这样的女人。只是因为拗不过自己的母亲或者只是习惯性服从，结了这个婚。

然而，婚姻并没有把一个酒鬼变成好男人的功能。李金平不但恶习未改，反而变本加厉。酒瘾发作时，为了能喝到酒，李金平开始不择手段。他经常偷偷买酒回来藏在床底下、柜子后、被褥里，好趁着家人不在时抿上两口。有一次，他为了解酒瘾，竟然偷喝家人用来皮肤理疗的医用酒精。全家人包括他的儿子只好整天监视他，告知亲朋好友不要和他喝酒，并告诉楼下的超市不能卖酒给他。可李金平为了喝酒不惜和家人吵架，甚至不回家。更可怕的是，李金平经常喝得不省人事，醉卧街头，丢的钱、物更是不计其数。家人多次接到巡警打来的电话，说是在路边发现李金平躺在地上，不省人事。

李金平不但脾气越来越坏，动不动就暴跳如雷，并且只要老婆劝阻他喝酒，他便发飙，顺手砸烂身边所有可以拿到手的东西，甚至是电视。所以，家里的房门和家具无不留下他发飙后的痕迹。直到有一天，他开始动手打老婆。儿子稍大后，连儿子也时常会惨遭他的毒手。

酒成了李金平人生的全部。他可以没有全世界，但不能没有酒。因为酒，他迟到早退，工作频频出错，被辞退。因为酒，他六亲不认，暴虐成性。因为酒，家里鸡犬不宁，生活艰难。

偶尔，他也有良心发现的时候——下决心戒酒。他曾跪在地上，抽自己嘴巴，向父亲保证再也不喝酒了。但是，失去了酒精的刺激，他很快就会六神无主，坐立不安。接着，感到恶心、呕吐、头痛、心跳加快、浑身冒汗、手脚发抖。所以，没过几天，他又出去偷偷地喝个大醉。父亲四处寻找戒酒良方和良医，李金平倒也非常配合，花了几万元，还是以失败告终。有一天，父亲狠狠心，把他捆在椅子上，但是一天后，他眼神发直，意识不清，仿佛谁都不认识。最后，竟然发了狂，背着椅子在家里乱撞。父亲怕出事，只好放开他。

渐渐地，李金平发现越来越控制不了自己了。短暂停酒后，他竟然出现了幻觉，总看见周围的人对他说三道四，指指点点。恐惧时，他常常紧紧地揪住被子，以至于汗水浸湿了被褥。但脑子里还是有个声音在叫："快跑，快跑，这些人都是坏人。有人要杀你！"

家人不得不强迫李金平住院治疗。通过一段时间的药物和心理治疗，他好了很多，似乎回归正常了。

然而，好景不长。出院后，他不愿吃药，又无所事事。没多久故态重萌，一发不可收拾。此后，再也没有人能拦着他喝酒了。他已经中了酒精的毒，越走越远……

心理医生手记

李金平，男，40 岁，有一妹。生长发育正常。诊断为：酒精依赖。

酒精依赖是一种慢性复发性脑病，是饮酒所致的对酒渴求的一种心理状态，可连续或周期性出现，为了避免不饮酒所致的不适感。这种渴望非常强烈。酒精依赖是物质滥用，以至于达到物质依赖的一种状态。如果酗酒的人停止饮酒，常感坐立不安、心中难受，或出现肢体震颤、恶心、呕吐、出汗等症状，说明这时已经酒精上瘾。

根据世界卫生组织在 2010 年 3 月发布的一份报告，有害使用酒精在造成世界上过早死亡和残疾的主要危险因素中排第五位。研究人员在 2003 年进行的抽样调查中发现，每 100 个 15 岁以上的中国人中，就有将近 4 个人有潜在可能或已经患上了"酒精依赖"疾病。酒精依赖者显然男性多于女性，女性一般在生命的后半程容易变成酗酒者，这可能和婚姻失败、生活压力太大有关系。

酒精的过度使用和其他的物质滥用一样，会给人带来诸多的精神障碍，属于物质使用障碍。这种滥用远非尝试性使用、社会应酬、娱乐或随情境需要的使用，而是逐渐变成具有强迫性质的状态，最后让人无法自控，从而导致酒精依赖。酒精依赖有三个典型特征：一是心理依赖，产生一种心理上强烈而不能克制的寻觅酒精的状态，并渴望体验重复使用酒精的心理快感；二是躯体依赖，戒断后躯体上出现种种不适，如肢体震颤、恶心、呕吐、出汗等症状；三是耐药性，用量会不断增加，因而产生耐药性（耐药性是指习惯性地使用某药物，将会改变躯体的化学物质。躯体适应了药物后，通常的使用剂量就不再能产生希望得到的结果了，必须加量）。所以，为获得心理满足，酒精依赖者饮酒量会不断增加，最终导致躯体出现周期性或慢性的中毒状态。

“开始只是好奇，被同学一怂恿就喝多了。后来心里太烦，便越喝越多，成了一种习惯。”李金平第一次住院时，语气平淡地对心理医生说：“也试过少喝，但没用。不喝、喝少了就浑身难受。就是比一般人喝得多，也没觉得有什么不好。于是，现在成了这样。”

中国的酒文化源远流长。闲来无事，邀亲朋好友浅酌几杯，也是寻常。酒、烟草、咖啡、槟榔……这些物质如果小剂量使用，其实是无害的娱乐，无伤大雅。就像人们聚会聊天、看比赛时，喜欢喝点、吃点什么助兴那样，可以带给人们愉悦感，调剂人们的精神生活。但总有一些人控制不了自己，对这些物质使用过度。加之这些物质在人们眼里只是一般习以为常的消遣之物，不像非法药物那样很快就会上瘾，不容易引起人们警觉。所以，人们往往不会过多地关注对它们使用的频次和数量。殊不知，这些物质如果不加克制地过度使用，时间长了就可能成瘾，形成物质依赖，尤其是酒精依赖。酒精依赖便是我们通常说的“喝酒上瘾”。而成瘾是一个神不知鬼不觉的过程。所需时间或长或短，因人而异。

在饮酒初期，人们一开始多在心情愉快、人际交往应酬、缓解紧张情绪或疲劳烦闷时小酌几杯，消解忧愁，振奋精神。但时间久了，要想获得与最初大致相同的那份快感，就必须一次比一次加量。有些人从此便沉迷其中，后果严重，无法自拔，悔之晚矣！因此，酒之类的合法药物也会像非法药物一样对人们造成严重的伤害。

酒精依赖的危害是显而易见的。就个人而言，首先对身体的伤害是巨大的。大量的临床试验证实：酒精中的乙醇对肝脏的伤害是最直接，也是最大的。因为酒精主要在肝内代谢，对肝脏的损害特别大。研究发现，肝癌的发病与长期酗酒有直接关系。其次，过量饮酒会导致一系列的病症，如胃溃疡、高血压、急性胆囊炎、急性胰腺炎、消化器官溃疡、心脏脂肪变性、胃出血、心脏病和大脑损伤、脑卒中等。酒精还常常会带来一个显而易见的后果——营养失调。酒精依赖者每天忙于摄入大量的酒精，虽然酒中含有较高的热量，可以提供能量，但不含有任何已知的营养物质。而对酒精产生依赖的人通常吃得很少，这就导致酒精依赖者身体内必需的营养物质的摄入严重不足，尤其是蛋白质和维生素的不足，甚至到了危险的地步。极端情况下，有些人可能会得柯萨柯夫精神病，这是一种严重的记忆障碍。这种病是由 B 族维生素不足引起的。

据一项科研报告披露，近 7 年间，因大量长期饮烈性白酒造成酒精中毒的患者上升 28.5 倍，死亡人数上升 30.6 倍。酒精滥用者的死亡率远远高于非滥用者，在男性中是 2~4 倍，在女性中是 3~7 倍，且女性酒精滥用者死亡率更高。此外，酒精对人心理和精神上的伤害也极大，如情绪失控、记忆力下降、思维呆滞、失去理智、出现幻觉妄想……因为，酒精对神经系统的作用以及由此导致的对饮酒者行为的影响，直接与血液中的酒精含量成比例关系，称为血液酒精水平。它是用特定量的血液中的酒精含量多少来表示的。即当血液中的酒精浓度达到 0.1% 时，会使人感情冲动；达到 0.2%~0.3% 时，会使人行为失常；长期酗酒会出现抑郁、焦躁、产生幻觉等酒精中毒性精神病，甚至猝死。

“生活、工作事事不顺心。心里太烦，太痛苦，只好借酒消愁。”李金平说。

沉迷于酒精的男人，大多是生活中的失败者。酗酒者通常把酗酒行为作为一种因内心冲突、心理矛盾造成的强烈的心理势能发泄出来的重要方式和途径。也就是说，酗酒者是通过酗酒以期消除烦恼，减轻空虚、胆怯、内疚、失败等心理消极感受。所以，很长时间以来，人们都相信不好的行为与喝酒之间存在关联，特别是寻衅行为和轻率的性行为。这种关联在青少年中尤为突出，比如暴力行为、早孕、导致艾滋病的性传播。并且，失去理智的酗酒者们可能危害社会治安。这并非耸人听闻，调查显示，三分之一以上的交通事故的发生与酗酒及酒后驾车有关。因为，极高的血液酒精水平会引起心理混乱状态，称为中毒性谵妄。它会造成定向障碍，降低心理清晰度和对环境的注意，从而提高交通事故的风险。酒精还与下列行为显著相关，如偷盗、抢劫、杀人、猥亵、强奸、家庭暴力行为等危机事件。可见，酗酒是一种病态或异常行为。酒精依赖者不但伤害自身，还给家人和社会带来许多麻烦和危害，构成严重的社会问题。

“我也想过要戒酒，也戒过，可是太难受了。我实在受不了，控制不住自己，便又开戒了。”李金平说。

酒精依赖者对饮酒的渴望早期往往是对酒的一般渴望——想喝酒。慢慢地，从早期的一般渴望发展到出现明显的躯体依赖。最初，少量的酒精可以刺激多巴胺迅速释放，而多巴胺是一种能使人感到快乐的激素。于是，大脑中建立起一个犒赏系统，即人们习惯于用酒的刺激来获得快乐。一喝酒，这个地方就会释放出“制造幸福感觉”的多巴胺，像是对人喝酒的一种犒赏。但时间久了，这一点“幸福的感觉”并不足以让人满足，于是一些人不自觉地开始酗酒。

这时，犒赏系统会中止多巴胺的释放，还会抑制神经活动。恶性循环下，犒赏系统越来越迟钝，这使得饮酒者有时要喝上越来越多的酒才能“有点感觉”，进而神经受损，酗酒者失去了行为调节的能力。所以，刚刚“改邪归正”的人即使碰到一点小小的刺激：朋友的邀请、美酒的气味、碰杯的声音、心情不爽……都足以让他们失控。当酗酒者们充分意识到酒精过量的后果时，已无法自制。

最让酒精依赖者万分恐惧和无法忍受的躯体依赖的严重后果是戒断症状。戒断症状就像孙悟空头上的紧箍咒，让酒精依赖者失去理智，出现强烈的饮酒渴求和不计后果的觅酒行为。这些戒断症状包括单纯性的戒断反应。长期大量饮酒后停止或减少饮酒量，在大约48小时后就会出现手、舌或眼睑的震颤，并有恶心或呕吐、大汗淋漓、心跳加快、失眠、头痛、焦虑；情绪不稳如情绪激越、极度不安、大喊大叫；自主神经功能亢进如心跳加快、出汗、血压升高等；少数人出现震颤谵妄，表现为意识模糊、分不清方向、不识亲人、不知时间；大量的知觉异常，如看到形象歪曲而恐怖的毒蛇猛兽、妖魔鬼怪。部分病人有癫痫样发作。戒断症状正是戒酒困难的主要原因。

喜欢喝酒并习惯性长期饮酒的人很多，但似乎不是每一个喝酒的人都会成为酒精依赖者。那么，哪些人更容易成为酒精依赖者呢？究其原因，既有遗传的因素也有社会心理因素，它是诸多因素综合影响的结果。有学者认为酗酒可能缘于基因的差异。一个普通人在喝下一定量的酒后便会出现肢体麻木、嗜睡等醉态，但酗酒者通常酒量很大，不容易出现这些醉态。近年来，美国科学家进行一系列研究后证实酗酒确与遗传因素有关，似乎有其家族遗传性。比如，曾有酒精依赖者陈述：在他的家族中，爷爷嗜酒如命，哥哥因为酗酒患上精神分裂症，还有一位堂哥在40岁那年死于酗酒。这个家族似乎被“酒鬼”附身。

美国得克萨斯州立大学的研究者还发现，酗酒者的大脑中无一例外都缺乏一种叫内啡肽的物质。内啡肽是可以让人感到幸福的一种激素，而喝酒能弥补此物质的不足，因此酗酒者见酒后常难以自已。迄今为止，科学家们已经在人体内发现了十几个与“酒瘾”有关的基因。可见，酒精依赖具有家族聚居的特点，是具有中到高度遗传性的精神疾病。也就是说，携带饮酒易感基因的个体出现酒精滥用或酒依赖的危险性远高于正常人群。但是，有学者认为，在科学家们找出的十几种“酒瘾基因”中，每种基因只会使平均风险提高20%~40%。所以，不能拿遗传为嗜酒者开脱。

酒精依赖是一种极其复杂的疾病，除基因外，社会因素和心理因素也在其中起到很大作用。

“人生太烦了，喝了酒后，就可以什么都不想，还可以感到清醒时感觉不到的快乐和自信。”李金平说。

酒精是绝佳的“麻醉剂”。研究表明，男性之所以饮酒，除了在生理上能感觉酒精引发的温暖感，在心理上还会体验到强健与优越，获得主观上的虚幻力量感，在社交上则体验到他人对自己的敬意。尤其是人格不完善的人，更容易沉迷其中。像李金平，从小到大，父母过多地干预他的生活，形成了他依赖、无责任感、放纵、自卑等不良个性。后来，他爱情受挫，工作不如意。便习惯于在酒精的麻醉中寻找快乐，治愈心伤，忘却痛苦。

酒精依赖者的人格已改变，他们只对饮酒保持兴趣，变得以自我为中心、不关心他人、责任心下降、经常说谎等。所以，酒精依赖者常常被人们鄙夷地称为“酒鬼”。对酒的依赖也给他们带来了很多恶名，诸如“毫无责任感”“自制力太差”“道德败坏”之类。但就像一个高血压病人不可能仅凭意志力把血压降下来，同样，酒精依赖者也没法控制自己适当饮酒，需要家人和社会的帮助。

酒精依赖者的康复之路是漫长的。由于酒精依赖的成因很复杂，仅靠药物是不可能让病人从此脱离“酒瘾”的摆布的。创办于美国的嗜酒者互诫协会（Alcoholics Anonymous，简称 AA）为治疗酒瘾开启了一个新方向。酗酒者在免费参加的 AA 里不必担心外界的偏见，能够得到认同感，并相互督促。反复戒酒失败的人也能从团体中找到成功的榜样，这是一种集体康复的模式。如今，中国已经在北京、天津、上海等多个城市成立了类似的小组。但医生们也发现，很多人并不喜欢相当“模式化”的 AA。他们不愿意在陌生人面前袒露心扉，更愿意接受由医生提供的药物和个别心理治疗。认为最好的戒酒药就是对亲人的忏悔和感动的泪水，最好的戒酒机构就是自己的家。如果强制戒酒的话，反而适得其反。因此，专业人士建议戒酒的过程中，应该循序渐进，用亲情的力量减少饮酒。

然而，让人痛心的是，许多研究表明，酒精依赖者的复饮率高达 80% 以上。所以，人们说：“一朝沾上酒，终生为酒徒。”无论接受哪种治疗和康复方式，“戒除酒瘾”都是一场不容易取得胜利的持久战。

第二节 虚拟世界的快意人生
——游戏障碍

猴子荡秋千、幼狮滚球、猫狗相逐、鱼在水面跳跃……动物在生存之余，也会给自己找点儿乐子，享受美好的瞬间。人类也一样，尤其是孩子，只要有一个自由安全的空间，游戏便会自然发生。他们在享受自己身体的舞动、与人打闹追逐、击打物品、构建物体中探索周围的世界，发挥想象力，开始他们最初的创造。那些被游戏滋养的孩子会更有热情与勇气面对真实的世界，迈向生活这场大游戏。可是，曾几何时，现代的网络游戏成了人们心头挥不去的梦魇，成了万千家庭无法忘却的伤痛。很多人沉溺于虚拟的游戏世界，成了现实世界的行尸走肉。这两种人生如此不同。现实世界中，痛苦、无助、哀怨、自卑；虚拟世界里，快乐、自由、荣耀、自信……如果可以选择，也许迷上游戏的人们情愿睡在虚幻的游戏世界里，永远不要醒来。

案例回放：从高楼飞下来的少年

“快救救孩子！”救护车终于来了，郑勤向医务人员恳求道。她儿子小海静静地躺在她的怀里，双眼紧闭，脑后一大片血迹。渐渐地，她感觉孩子的身子正变冷、变硬。其实，小海的心跳已停止。尽管到场的医务人员尽力抢救，但还是回天乏术。

小海在午夜 12 点爬上了家附近的一座高楼，想象着自己是游戏中拥有神力的魔兽，一跃而下，和天空融为一体，穿越到另外一个美好的世界里去。

这是后来他的母亲在他的日记里所看到的小海关于自己这一午夜自杀行为的计划和描述。他其实走得很坦然，没有任何的恐惧和害怕，当然也没有对现实世界的留恋。他只是有点遗憾，对不起妈妈多年的养育之恩。但是，这不能阻挡他对成为一个神力无边、所向披靡的魔兽的向往。似乎有个声音告诉过他，只要登高一跳，他便可以实现愿望。

如果这场悲剧没有发生，第二天，小海应该和同学们一样走进初中升学考试的考场。但是，从此他的生命停留在 13 岁的花季。

一年前的暑假，小海被父母送到奶奶家。在奶奶家的小海每天宅在家中，从不出去找小朋友玩，也不帮奶奶做事。他常常天不亮就醒来，醒来后饭也顾不上吃，便在房间里玩电脑。晚上也很晚才睡。奶奶年纪大了，不明白他到底在做什么，看到孙子很高兴很兴奋的样子，也就安心了。毕竟电脑是个高科技，学习和工作都用得着，年轻人多学学也是好的。奶奶这么想着，也就不去多管他，只是有点担心他的身体，常唠叨着让他多出去走走。可奶奶的话就是一阵耳边风，小海嘴里应承着，脚却很难迈出房门半步。一个月后，奶奶突然发现，怎么电话费一下子多出来许多，原来一个月也就四五十块钱，这个月居然两百多。她仔细想了一下，也没有打特别多的电话呀？工作人员告诉她，里面大部分的开支是上网费。

奶奶虽然觉得小海用电脑是个正经事，但是还是很心疼钱，便开始限制小海用电脑。于是，小海在奶奶强烈的要求下，答应减少用电脑的时间。白天果真少用了许多，上午醒得晚，只在下午玩会儿电脑。但是，不久后，奶奶凌晨三点起来上厕所时，发现小海居然在电脑旁！奶奶终于明白，难怪小海每天快中午了才醒，原来整个晚上都在玩电脑。

“把小海接回去吧！我管不了他，天天玩电脑。”奶奶只好打电话，让小海的父母接他回家。

回到家的小海被父母好好地训了一顿。从视力保护、身体健康到对学习的影响，父母详尽地告知他沉迷电脑的种种危害。小海很温顺地接受了父母的教导，答应要收心，好好学习。最后又在父母的要求下，郑重立下誓言，写下保证书。于是，暑假剩下的日子，小海便老老实实地在家，全身心地把暑假作业赶完。

小海的父母有自己的工作，两个人都是公司的高管，所以平时都很忙，没有工夫好好坐下来，和小海聊聊天、谈谈心。家里请了钟点工阿姨，负责卫生和做饭。小海从上小学起，每天放学回家，都只有阿姨在。有时候，到睡觉的时间，也看不见父母的影子。所以，小海的个性很是内向、胆小、却也倔强。小学六年里，不但成绩一般，也没有知心朋友或要好的同学。

新学期开始了，小海很想认真学习，希望能考个好成绩，升到理想的中学，向爸爸妈妈证明自己也不是那么无用。可是上课时，无论他怎么专心，还是有好多课听不懂。他个性腼腆，又不好意思问老师和同学，常常作业也不会做。虽然周末妈妈给他报了补习班，可是他就是学不进去，每次单元检测的成绩都是班上倒数几名，心里很是挫败。上课的时候越听不懂就越想着游戏，想早点放学回家或去网吧打游戏。有时候想着想着就睡着了，被老师点醒，招致全班同学的嘲笑，这让他越发地不想回到那个课堂。渐渐地，他回家后既不想吃饭，又不想写作业，只想上网玩游戏。他也知道自己这样下去肯定不行，也暗地里下定决心要改，但就是控制不住自己。

开学一个月后，班主任老师就给小海妈妈打电话，问小海是不是病了，怎么今天下午没有来上学？小海妈妈这才意识到小海不太对劲儿。果然，回家一问，原来小海中午进网吧打电脑游戏，错过了下午上学的时间。后来怕老师责罚，干脆就没去。本想第二天补个假的病假条给老师，没想到老师下午就打电话给妈妈了。爸爸回来知道此事，二话不说，直接拿衣架抽打了小海几下，直到他哭着保证再也不敢了，才住手。

从那天起，小海的妈妈多了个心眼儿，每天监视儿子上下学的状况。还好，小海安分了许多。但一个月后，小海妈妈就发现，小海回家的时间似乎比平常晚了半个小时。一天，她提前下班，到小海的学校去守候。看到小海出来，便跟在他身后。结果发现，小海走进了家附近的一家网吧。差点把小海妈妈气晕过去。她冲进网吧，一把把小海从座位上拉了起来，头也不回地拉回家。不用说，小海又挨了一顿暴打。

无论是妈妈的苦口婆心还是爸爸的责罚都没有阻止小海迈进网吧的脚步。于是，每天小海的妈妈都与小海上演着猫捉老鼠的游戏。只要是老师打电话来说，小海没有来上学，妈妈总能在城市的某个网吧里找到正在网上酣战的小海。更严重的是，小海为了上网，居然开始偷家里的钱。最后，竟然发展到夜不归宿。

一天夜里，小海妈妈半夜起来，发现小海不在床上，“他会不会出事了”？小海妈妈不敢设想，赶紧把小海的爸爸和其他的一些亲戚动员起来，大家在全城各个网吧寻找小海。

半夜，小海的父母走进一家家青少年常出没的网吧寻找小海。深夜的网吧居然还如此喧闹，仍有那么多年轻人甚至未成年人流连其中，不愿离开。网吧里烟雾缭绕，让人窒息。昏暗的灯光让人看不真切。

为了在黑暗中找到那张熟悉的小脸庞，他们一张张面孔仔细地瞧去。看到那些正痴迷于网络游戏中的人们眼神虽然专注，神情却很颓废。他们身子慵懒地蜷曲在椅子中，萎靡不振的模样似乎失去了生命的动力，整个身子像是被掏空了一样。

四个小时过后，他们终于在市区的一个小网吧中找到了小海。他木然地看着他的亲人，脸上显出极度不耐烦的样子，吼叫道：“我不回去！”但是没用。他被父亲硬拉着出了网吧。一出网吧，小海撒腿就跑。幸好被母亲死死拽住，才被带回了家。

从那以后，小海妈妈干脆放下手头的工作，专门陪小海读书。白天按时接送，晚上陪着写作业。原以为这样，小海就可以收心，认真学习。可是，小海不但学习没有任何长进，反而情绪变得越来越焦躁，动不动就发脾气。踢桌子、摔东西、破口大骂。安静时，又沉默得可怕。有时会喃喃自语着一些奇怪的话。

终于有天，母亲有急事耽搁了去接他。小海一个人放学后，就没有了踪影。而他的父母最后等来的便是一具没有了生命气息的身体。

心理医生手记

小海，男，13 岁，独子。生长发育正常。诊断为：游戏障碍。

游戏障碍，即通常所说的网络游戏成瘾。游戏障碍患者主要存在两方面的问题：行为和心理。行为方面，就是整天沉迷于网络游戏，如果被迫停止使用网络，就会产生严重的戒断反应；心理方面，主要表现为在情感、认知方面有偏差。因长期过度上网而对现实生活产生严重的不适应感，悲观、沮丧、社交恐惧、容易紧张。

如今，越来越多青少年甚至成人沉迷于网络游戏，游戏成瘾成为一种社会现象。2018 年，世界卫生组织发布的《国际疾病分类》把这一现象称为"游戏障碍"，列入"物质使用 / 成瘾行为"章节，并颁布了诊断标准。也就是说，游戏成瘾是一种病，是一种精神障碍。因为它符合世界卫生组织对精神障碍的定义，具备必需的两点：第一，给自己或他人带来痛苦；第二，社会功能受损。"游戏障碍"是一种具有可识别明显临床症状的综合征，这些症状与反复玩游戏而导致的痛苦或干扰个人功能有关。即游戏行为模式必须足够严重，给患者在个人、家庭、社交、教育、职场或其他重要领域造成重大的损害，症状通常明显持续至少 12 个月。

游戏几乎是人的本能。人们为了自身发展的需要，与时俱进地创造出多种多样的游戏活动。网络游戏便是现代社会人们最热衷的游戏。不论是在电脑上或是手机上，网络游戏几乎成了人们打发空余时间的最佳活动。毋庸置疑的是，这些游戏本身也有许多积极意义，诸如宣泄精神压力、获得简单的操作快乐、促进人际交往、获得成就感和代入体验感等。对未成年人来说，还能开发智力、培养注意力和反应能力。但是，游戏也是一把双刃剑。它在娱乐人们的同时，也不知不觉地让人们沉迷于虚拟世界，不愿直视现实世界，迷失自我。成人尚且如此，未成年人更是毫无抵抗力。

一个人玩游戏是否已经到了“游戏障碍”的地步，要看他对自己玩游戏的控制能力如何。如果仅仅一天熬夜玩游戏或者放假后一周疯玩游戏，而后继续正常地生活，或职业游戏家，都不能算是“游戏障碍”。首先，如果一个人在过去 12 个月内，有着持续的失控性游戏行为，包括网络游戏、离线游戏及其他游戏，并使游戏成为日常生活中的主要活动，每天需花费越来越多的时间参与游戏，有可能是患上“游戏障碍”。

其次，对游戏存在强烈的心理渴求，不打游戏会出现戒断症状，如烦躁、焦虑或悲伤，就如戒酒的人一样，情绪不稳，甚至自伤、自杀、攻击他人，虽然没有戒酒时那样严重的躯体症状。再次，为了打游戏，不能正常地学习、工作和生活，甚至对先前的爱好和娱乐失去兴趣。最后，即便自己知道沉迷游戏的后果，也无法控制自己。这样的人，多半已经患上了游戏障碍。可见，游戏成瘾和其他化学物质成瘾后的心理症状相类似，除了没有明显的躯体症状。

游戏成瘾的不良后果是显而易见的。随着电子游戏厅、网吧的蔓延，难以计数的青少年游戏成瘾。其中有些罹患“游戏障碍”，却没有得到及时的治疗。调查研究显示，长时间无节制地玩网络游戏对青少年的身心伤害是难以估量的。会导致青少年饮食无规律、近视、注意力下降、抵抗力下降，甚至产生幻想，易诱发各种生理、心理或精神疾病。生理上，长时间玩游戏会导致植物神经紊乱，从而导致免疫功能降低，引发心血管疾病、肠胃神经功能病、紧张性头痛、焦虑、忧郁等，甚至可能导致死亡。

心理上，专家们一致认为，游戏成瘾是一种心理病理行为。因为游戏成瘾的行为特征与吸毒成瘾行为极为相似，患者一旦停止游戏，便难以静心地做其他事情，出现难以摆脱的渴望玩游戏的冲动和心理上的不适，如脾气暴躁、生无可恋、精神恍惚……形成精神依赖和相应的生理效应。

有文章指出，游戏过度且上瘾的人的脑影像和化学物质上瘾的人有一定的相似性，恢复玩游戏后，精神状态便恢复正常。而有些痴迷游戏的孩子，常把自己幻想成游戏主角，整天活在虚拟的世界中，且模仿游戏的虚幻和暴力血腥的画面，出现精神障碍。近几年，新闻也时有报道，如 13 岁学生因玩游戏被父亲教训后跳楼；11 岁女孩为买装备盗刷 10 余万元；15 岁少年狂打游戏 8 天 8 夜后，诱发脑梗险些丧命；某市连续发生几起重大未成年人恶性犯罪案，均与孩子为弄钱玩游戏有关……这些孩子都是网络游戏的牺牲品。

玩网络游戏的人千千万万，并不是每一个人都发展成游戏障碍。那么，游戏障碍形成的真正根源是什么呢？诸多研究表明，根源在于家庭功能的失调。家庭功能包括生产职能、生育职能、生活职能、扶养和赡养职能、教育职能、感情交往职能和娱乐职能等。对父母来说，往往比较容易忽视后两种家庭职能：感情交往职能和娱乐职能。而这两种职能恰恰对良好的亲子关系的建立起着关键的作用。

调查显示，游戏成瘾的成因和家庭关系密切相关，尤其是亲子关系。而 90% 有网瘾状况的青少年来自家庭紧张的环境。每个游戏成瘾孩子的背后，大都有糟糕的亲子关系。因此，他们在家庭中受到的管教很严厉，所获得的关爱、鼓励和安慰却很少。从某种意义上来说，游戏其实就是一种补偿，补偿现实的未满足，只是这个补偿过度了而已。

在游戏中，孩子获得了现实生活中得不到的精神上的基本需求。电子游戏的规则、奖赏和氛围带给人安全、可控、公平、支持、激励等，让他们受尊重的需要得到满足。现实生活中，他们是学习和生活的失败者，而在游戏王国里却是人人敬仰的大英雄，这满足了他们对自我理想化的追求，获得了成就感。另外，还有一群志同道合的网友一起打打杀杀，闯荡江湖，非常过瘾。网友间相互照应、相互提携、相互关爱也让他们获得归属感，抚慰了他们孤寂的心灵。尤其对一些因性格比较内向、孤僻、自卑、外形不够好或成绩差等缘由而无法在现实生活中与家人、同学良好相处的孩子，更容易逃避现实的人际关系，躲到网络上去。

可见，网络是孩子暂时的心灵避难所，以求达到情绪宣泄及交流的目的。是他们对现实的无望，对家庭教育和社会教育反抗失败的一种补偿。如果在现实世界，青少年与家庭关系、同伴关系良好，且在现实生活中获得认同感、有情感寄托，那么就算有时玩玩游戏，也大多不会上瘾，更不会发展成游戏障碍。

游戏障碍的矫正其实是家庭关系矫正的过程。可是，很多父母往往不懂得反省自己教育方式存在的问题，只是一味地把所有问题推给未成年的孩子，只会采用简单粗暴的肉体惩罚，这样是不能把孩子从游戏的世界里拉回来的。

游戏障碍是一种病，尤其是心理问题严重。所以，患者需要进入正规的医疗机构，在专业医生的指导下，配合心理治疗等手段，循序渐进地、系统地矫正和治疗。与此同时，父母也是治疗中很重要的一环。只有父母的教育方式与孩子的互动模式发生改变，建立起一个与以往大不相同的家庭情绪氛围，给孩子足够的安全感、信任感和情感支撑，让孩子感觉到现实生活的美好，在现实生活中获得自尊，他们才愿意戒断游戏，回到现实生活当中来。如此，孩子的改变才能持之以恒，不再反复。

心理学家解析

弗洛伊德在其人格发展理论中提到，儿童 0~18 个月时，原始欲望（力比多）的满足主要来自口唇的口腔运动，如吸吮、咀嚼、吞咽等。婴儿在这些口腔活动中获得快乐。如果此时口唇没有获得满足，就可能留下后遗症，成人后与口腔有关的物质依赖，如酗酒、抽烟等，便与此有关。也就是说，婴儿时期需要吸吮足够的母乳，如果母亲喂养不稳定，比如无奶或少奶等，就会导致婴儿口唇期产生挫败感，那么他们会产生所谓的口唇固着（特别渴求口唇的满足）。

这种固着促使人们成人后发展出药物滥用或暴食等诸如此类的一些成瘾行为。当然，也会提高以后产生酒精依赖的风险。一项追踪研究似乎证明了这个观点。研究者发现在30岁被诊断为酒精依赖的27名男性中，几乎有一半（48%）的被试者，有婴儿期三周前就断奶的经历。

心理动力学认为，药物依赖的形成在于药物有一种保持内部平衡的功能。即当人面对痛苦情绪时，不得不借助药物来恢复正常，保持心理平衡。具体说，药物有自我疗愈作用，如战场上回来的士兵，可以通过酒精麻醉，来缓解恐惧和痛苦。而对那些低自尊的青少年来说，苯丙胺（兴奋剂）可以提供力量感，让他们在虚幻的世界里获得暂时的心理满足。而对于那些有社交恐惧的青少年来说，喝酒可以让人很快兴奋起来。酒壮怂人胆，减少社交中的退缩行为，并以酒为媒介与他人建立起关系。

药物有自我照料的作用。对于刚刚成人的青少年而言，要面临社会很多的挑战。如何担负起新的成人角色，无疑让许多没有社会经验和应对技能的青少年倍感压力，因而焦虑。而控制和平衡情绪的能力是儿童期就该被培养而形成的能力。但由于父母的失职，没有教给孩子自我照料的技能，那么孩子就不具备这样的技能。当孩子遇到问题和困境时，就只好自己寻求自我照料的方式。于是，他们可能错误地选择用药物增强自我防御的力量，使内心不至于因焦虑而崩溃。因为，吸食药物这种人为的干预，很容易使一个人的内心获得平静。

行为主义学家认为，酒精依赖是一种通过先前的线索和后续的强化源得以保持的强大习惯。所谓强化源，就是让人一而再再而三地重复同一个行为的理由。它包括社会赞同、社会行为自如的能力、消除戒断症状和减缓心理紧张。其中缓解心理紧张是最主要的强化源。当人们感受到焦虑、自我怀疑、抑郁、罪疚、困扰、压抑等负面情绪和面对内心冲突时，本能地想找到一个方式，尽快地缓解和放松。

有些人在别人的影响下，开始学着喝酒。如果喝酒让他感到舒服，那么酒精就会与减轻痛苦联系在一起，喝酒行为就可能会重复。如果下次痛苦又来袭，他就会不由自主地用喝酒的方式来发泄，进而导致恶性循环。当酒精成为正强化源，可以带来愉悦，消除烦恼，而且是唯一的方式，便很容易上瘾。

所以，行为主义基于条件反射理论提出戒除酒精的方法：让酒精与一个令人不愉快的刺激成对出现，比如电击或引发恶心。由此，让酒精成为负强化源，让依赖者“谈酒色变”，达到戒除的目的。当然，只是这样一个单一措施是不够的。还必须有其他物质奖励或社区强化，如朋友、家人、邻居一起参与进来帮助依赖者，才更有效，戒断得更持久。

行为主义还相信化学奖励是过量饮酒的重要强化源。因为神经科学研究已经发现，酒精对中枢系统的作用之一是释放神经递质多巴胺和去甲肾上腺素以及内啡肽，好比躯体的自然鸦片剂，和鸦片功效类同，是能让人愉悦和幸福的激素，对人的酗酒行为有着强化作用。

人际关系观点认为，物质依赖问题常常与家庭的问题联系在一起。因为家庭关系恶劣才使一些人陷入痛苦、空虚、寂寞、焦虑等负面情绪无法自拔，因而借助药物减少痛苦。一些专家指出，青少年的药物依赖也不只是青少年的问题，其实需要治疗的可能是家庭。有的父母就是药物依赖者。如果家庭关系和睦，在家庭中得到幸福，曾经的药物依赖者就不那么容易复发。所以，对青少年的治疗一般采用家庭疗法。除了家庭，青少年的同伴、所在的学校，工作的地方和社区都会影响青少年。因为它们是一个相互作用的完整系统，各自发挥着不同的影响作用。因此，创造一个亲社会而不是反社会的生长环境，青少年的不良行为和物质滥用才有可能逐渐消除。

认知心理学家认为，人们对酒精作用的预期决定了他们是否会滥用酒精，并提出预期理论。如果人们对酒精持有正面预期，也就是他们认为喝酒能给他们带来一些积极的后果，比如喝酒会帮助他们减压；带给他们身体上的愉快感；会提高社交能力，交到朋友；会感觉到力量和权力；甚至会提高性表现。喝酒经历便成为一种积极的体验，于是很难戒掉。

当然，人们对酒精也有一些负面预期，比如酒后失态、身体不舒服、冲动、没有责任感、攻击性强等。但是对许多有酒精成瘾问题的人来说，正面预期超过了负面预期。因此，他们无法停止喝酒，并常常会喝过量。不过，预期在酒精滥用中的作用很复杂，它受很多因素的影响。比如，一个人的气质就影响了他对预期的反应。对喝酒会带来一种新的刺激这样一个预期，如果一个人是鲁莽的、喜欢冒险的、追求刺激的，那么酗酒的可能性就增加了。反之，如果一个人是害怕冒险、自律、逃避伤害的，那么酗酒的可能性就会减少。研究表明，这种预期对青少年第一次饮酒的影响比对酗酒者 100 万次饮酒的影响更大。

物质依赖的最大问题是很容易复发。所以，不管是酒精依赖还是其他物质滥用，复发的可能性非常大。

心理学家认为，影响复发的因素主要有三类：内在的（内心的）、环境的（情境的）和生理的。一个人内心处在愤怒、抑郁和焦虑等消极情绪状态时，复发的概率就大大增加了。尤其是在应激时，由于成瘾者的心理素质较差，且应对技能缺乏，往往焦虑、茫然、不知所措，便会通过酒精和药物麻醉自己，逃避所有让自己不愉快的人或事。从环境因素来说，成瘾者大多缺乏社会支持（缺少亲人或朋友的支持），人际关系出现问题（和家人吵架、同事闹矛盾），再加上自己没有抵御诱惑的能力，很容易再次复发。生理因素主要是因为刚脱瘾者生理上还是会对药物有所渴望。这种渴望让人意志薄弱，稍一疏忽便复发。特别是这些因素一起影响的时候，比如一个人正心情烦躁，环境中又有一些刺激或别人引诱，头脑一热，人一松懈，便故态重萌。

第四章 04

人格障碍

虽说物有不同物，人有不同人。其实，人最初的本性，大抵差不了多少。婴儿一生下来，都宛如一张白纸，是岁月改变了纸张的质地和色泽，才有了这形形色色的人。一个人从生到死，就像一颗粗粝的顽石从山间掉落于溪流中，经过流水无数番打磨，形成最终的样子。一个人生长的环境便是这流水，有意无意地把白纸一样的孩子磨砺得神态各异。每个人都有不同于他人的人格。

人格或称个性，是指一个人固定的行为模式及在日常活动中待人处事的习惯方式，即思维、情感和行为的模式，是人全部心理特征的综合。而人格的形成与先天的生理特征及后天的生活环境均有较为密切的关系，尤其是童年生活。因为一个人出生以后，有很长一段时间不能独立，需要父母亲的细心照料，尤其是母亲。于是，在这个成长过程中，儿童逐渐和父母建立起亲密的无可取代的关系。而儿童的早期人格就是在与父母的关系中建立起来的。而且，一个人的人格一旦形成就很难改变，除非遇到重大的生活事件或意外。

人格会持续影响一个人的一生。人格特征会在一个人参与社会活动时，与人交往中表现出来。它决定了一个人如何看待日常事件，如何感受以及如何与他人互动。如脾气的温和或急躁、开朗或阴郁；对事反应敏捷或迟缓、大意或认真；对人诚实或虚假、信任或多疑……拥有良好人格的人如玉般温润，如刚般坚韧，如风般自由，如海般辽阔。这样的人无论身处何种境遇，都能泰然处之，不疾不徐、不卑不亢、不骄不躁。这样的人就像一缕春风，让所有认识他 / 她的人温暖喜悦。

人格也在社会生活实践中塑造和发展。正如河流暗藏激流和漩涡，人生亦多坎坷险阻。于是乎，那些生长环境恶劣的人在不知不觉中，被生命的波涛打磨成性格古怪的人——产生人格障碍。人格障碍又称为病态人格或异常人格，是指人格的畸形发展，患者的人格在内容上、质上或整个人格方面不同于常人。即他们的情绪反应、行为及社会交往出现了持久而明显的异常。这种异常明显地偏离所处的社会文化背景，并不被大多数人认可。所以，人格障碍者有种特有的、根深蒂固的认知行为模式，而正是这种模式使这些人在为人处事和适应环境，感知和解释事物时，出现态度和方式的偏差，导致言谈举止怪异，大大地损害了其社会和职业功能。因此，他们不能保持和谐的人际关系，难以适应社会生活，处境艰难。但是，人格障碍不是精神疾病，而是心理疾病。

人格障碍患者的思维与智力活动都很正常，异常的只是情感和意志活动。人格障碍虽然表现多种多样，但有一些共有特点，如幼年起病，青春期显露，可能持续一生；情感或意志行为严重偏离正常，但智力尚可，甚至会超出常人；行为的目的和动机不明，易激惹、冲动；社会适应不良；缺乏自知力和自制力，屡教不改；一旦形成，很难矫正。

人格障碍患者往往在自己遭受痛苦的同时也使他人遭受痛苦，给个人或社会都带来不小的伤害。因为人格异常，他们如囚徒被困在自我的牢笼里，走不出去，别人也无法进来。他们也曾痛苦挣扎，想摆脱身上的桎梏，但是他们已经被囚禁太久了，难以挣脱，只有少部分人格障碍患者在成年后症状有所缓和。

现实生活中，比较常见的人格障碍有十种，可以非正式地把他们分为三大类别：古怪性／怪癖性，包括偏执型人格障碍、分裂型人格障碍和分裂样人格障碍；戏剧性／情绪性，包括反社会人格障碍、边缘型人格障碍、表演型人格障碍和自恋型人格障碍；焦虑性／恐惧性，包括回避型人格障碍、依赖型人格障碍、强迫型人格障碍。

第一节 一意孤行的角斗士
——偏执型人格障碍

每天他就像一个角斗士，时刻高举着坚硬的长矛，刺向每一个胆敢靠近、威胁自己安全的敌人。这个世界在他眼里是如此危险，每一阵风吹过每一片叶落、每一声蝉鸣……都能激起他的警觉和斗志。每件事都是那么可疑，每个人看上去似乎都动机不良。他无法信任任何人或任何事，这个世界上，他只相信自己。所以，他必须保持警惕，随时做好战斗的准备。为了保护自己的安全和尊严，哪怕伤害最亲近的人也在所不惜。可是，就像堂吉诃德大战风车一样，最终受伤害的不只是别人，还有自己。

案例回放：刺向妻子的刀

林映坐在客厅的沙发上，刚刚一岁的女儿在她怀里睡着了。她眼睛盯着电视，其实心思并不在电视上，但也没有集中在任何地方。开着电视只是因为觉得这样还可以感觉到家里有些生气。电视里正在播放着一部无聊的武打片，刀与枪相碰时，发出清脆又嘈杂的声响，让她心烦。尽管这样，她也不愿意把声音关小，因为她想完全屏蔽掉老公的声音。此时，她老公余志刚不知道发什么神经，一大早就站在阳台上，骂骂咧咧的，现在已经一个多小时了，好像还没有住口的意思。

林映实在听不下去了，余志刚的吼声已经快盖住电视的声音。女儿也开始不安地扭动着身子，睡得很不安稳。于是，她站起身，走过去说："行了，差不多就行了，把孩子都吵醒了。”

“你少管！你看他们的雨棚都伸到我们这边来了，这分明是想把雨水引到我们家。”

“可能人家不小心，没注意，再说影响不大。”林映探头看了一下，轻声地说。她家隔壁阳台上才换了新雨棚，有点长，伸到了她家雨棚上方。

“你知道个屁！”余志刚不屑地说，“他们分明是故意的，想报复我们。不行，我得去找他们。”

“你别去，别去……”林映跟在他的屁股后面劝着。但余志刚充耳不闻，径直走出门去。

不一会儿，一阵激烈的吵架声传了下来。林映无奈地把门关上，把女儿放回卧室。然后出来把电视的声音调大，坐回沙发木然地发着呆。这样的情形一再地上演，林映都麻木了。现在，左邻右舍都受够了余志刚的侵扰，早就和他们家断绝来往。

她早已受够了余志刚。静下心来，她便深恨那个曾经软弱的自己，为什么要让自己陷入这样一个无底的深渊？既感受不到幸福，也看不到未来。

大学三年级，她第一次看到他，是在一次老乡的聚会上。余志刚给人的第一印象就是文质彬彬，很有才华的样子。分别时，两人加了微信，后来聊着聊着，就慢慢熟悉起来。当余志刚提出让林映做他的女朋友时，林映答应了。可是，才谈了不到两个月的恋爱，林映就受不了他了。她发现他这个人特别地自以为是，控制欲强，且极端不相信人。自从两人成了男女朋友，没过多久，他就要求林映把微信和 QQ 上的所有男性都删了。林映不答应，他便找了个机会，悄悄地把这些人通通拉入黑名单，都没有告诉林映。

“你为什么要这么做？”林映发现后气愤不已，质问他。

“这些男人，你不了解。我知道，他们没有一个好玩意儿。”

“那些都是同学和朋友，没有什么不三不四的人。他们也只是把我当一般的朋友。”

“你怎么知道他们真实的想法？我都没有女性朋友，你也不要有男性朋友。”

“你没资格这么要求我。”

“我是你男朋友，怎么没资格？再说，我不是怕你被他们欺负，才这样的嘛。”

“荒谬！”林映气得说不出话。她一晚上没睡，思前想后，决定分手。她给余志刚发了条分手的短信。

但是，余志刚不同意。一大早，他冲到女生寝室，非要和林映当面谈谈。谈的结果，就是继续这段恋爱关系。因为余志刚声泪俱下，保证以后不会再这么做。说他很爱林映，离开她活不了。如果林映非要分手，他就天天到女生寝室门前下跪，直到林映回心转意为止。林映看着余志刚一脸的悲痛，听着他的信誓旦旦，一下心软了，想着再给他一个机会，或许他会改。

两人平静地相处了一个月。没有争吵的日子里，余志刚虽然霸道了点儿，但对林映还是一心一意、关爱有加的。林映甚至暗暗庆幸自己的决定，看来余志刚还是可以变好的。

这天，林映高中的一个男同学来看他，林映陪他逛逛校园。正走着，看到余志刚迎面走来。

林映本来想把同学介绍给他，还没等她开口，余志刚就质问那个男生：“你谁呀？你不知道林映已经有男朋友了吗？”

“你谁呀？关你什么事？”男生回敬了他一句。

“我是她男朋友。”余志刚紧握着拳头就要动手。

“不好意思，我不陪你了。”林映一看情形不对，便插在两人的中间，拦住了余志刚。

事后，林映又提出分手。但余志刚就是不同意，说要不是这么爱林映，也不会如此冲动。如果林映要和他分手，他就去死。

林映被他吓着了，也疑惑他是不是真的很爱自己呢？拿不定主意的林映就这样，让这段感情分分合合地走到了毕业。然而，林映发现余志刚不但毫无悔改，还变本加厉。他不允许她和任何男性来往，哪怕是说了几句话，他都要刨根问底，恼怒万分。正当林映下定决心要和他分手时，她发现自己竟然怀孕了。不得已，林映抱着一丝侥幸的心理，和余志刚走进了婚姻殿堂。

婚后，余志刚以孩子需要照顾为由，让林映辞去了工作，当了全职太太。在家备孕的林映很是无聊，但是因为她没有和男性接触的机会，余志刚安生了许多。

好景不长。一天余志刚下班，正撞见林映和一个送外卖的小伙子说话，一下子便醋意大发。

他把林映一把拖进家里，指着她的鼻子质问她：“你就这么贱吗？不和男人说话，你会死吗？”

“你有病吧？不过是个送外卖的。”林映气不过，回了一句。

余志刚闻言，抬手就给了林映一巴掌。他用力太猛，一下就把林映打蒙，一屁股跌落在地。她捂着肚子，尖叫起来。

余志刚一看，慌了神，急忙抱起林映，往医院送。

孩子虽然保住了，但林映的心寒了。她出院的第一句就是，离婚。

然而，不知道余志刚使了什么伎俩，从老家把林映的妈妈请来当说客。林映妈妈苦口婆心地劝她：“看在孩子的面上，再原谅他一次。”

林映看着妈妈满头的白发，摸着还未出生的孩子，百般无奈，只好选择原谅。但是，她对余志刚的爱早已消耗殆尽。每天，她心如死灰地活着。

余志刚不只是对她没有半点信任，他是对任何人都毫无信任感。工作没有做好，被领导批评，就抱怨领导对他有成见，故意整他。同事偶尔和他开个玩笑，他就觉得别人瞧不起他，想看他的笑话。对于他这种无休止的抱怨，林映选择自我屏蔽，装没听见。余志刚便会说她不关心自己的老公，把自己的老公当长工，只知道自己享受，太自私。是不是盼着他早点死，好另找男人？

两人每天的日子过得磕磕绊绊，三天一小吵，五天一大吵。孩子生下来后，林映的母亲来家里帮着带孩子。结果，母亲和余志刚为了孩子的事也纷争不断。

“妈妈比我们有经验，年纪又这么大了，你就不能迁就一下她吗？”林映忍不住对余志刚说。

“我怎么迁就她？这是我女儿，她给穿那么多，是想热死她吗？”余志刚青了脸，愤恨地说。

“就是一件衣服，多穿少穿有什么要紧？女儿也是我妈的外孙女，我妈也是为她好。”林映说。

“我说穿多了就是穿多了。你少啰唆！”

“是我妈在带孩子，你老是嫌这嫌那，和她吵架，有意思吗？”

“你妈那么固执，你怎么不说你妈？”余志刚毫无悔意，“你们母女俩联合起来对付我，别怪我不客气。”

“你想怎样？”

“惹急了我，信不信我掐死孩子。”余志刚恶狠狠地说。

林映不敢相信这话可以从一个父亲口中说出来。她没有回击，因为她隐隐地知道他干得出来。终于，母亲被气回了老家。林映一个人带孩子，十分辛苦。

女儿半岁后，林映不顾余志刚的反对，执意要出去工作。她知道，总有一天她得离开余志刚，不然她的人生就毁了。

然而，上班后的林映有了男同事，这成了余志刚的心病。他故态复萌，怀疑林映和男同事们有暧昧关系。不但随时查她微信和 QQ 的聊天记录，还偷听她的电话。有次林映下班晚回家，居然发觉余志刚在身后跟踪。为此，俩人又大吵一架。林映对余志刚也失去了耐心，说出的话也越来越尖刻，口不择言。

终于有一天，在争吵时，余志刚恼羞成怒，积攒在心里的嫉恨如火山喷发，头脑一片空白，顺手操起茶几上的水果刀，狠狠地刺向了林映。毫无抵抗力的林映被连续刺了二十多刀，倒在一片血泊中……

心理医生手记

余志刚，男，一姐一弟，生长发育正常。诊断为：偏执型人格障碍。

偏执型人格又叫妄想型人格，是以固执己见为典型特征，以持久的、不切实际的倾向去解释、贬低或威胁别人的行动和意图为特征的一类变态人格。但患者没有持久的精神病性症状，如幻觉或妄想等。这类人的主要表现为对自己过分关心，以自我为中心；对挫折和拒绝过分敏感，易于产生怨恨；怀疑，将无意的或友好的行为看成是恶意的；极端维护个人权利；常无端怀疑伴侣的不忠；对于不顺利的事情经常不现实地解读为人为的阴谋。一个人的日常表现只要有上述三种以上，那么这个人就有患上偏执型人格障碍的可能。此障碍男女都有，男性多于女性。

偏执型人格的偏执并不是妄想型精神病的症状表现，而是一种明显的“偏执认知风格”。它的核心特征是：对他人无处不在、莫须有的“不信任”。这种“不信任”已经成为他们头脑中根深蒂固的观念，涉及日常生活中的方方面面，而且无法被说服。他们惯常有的观念包括：对他人：“世上没有好人，我只相信自己”“对别人的进攻，我必须立刻予以强烈反击，要让他知道我不是好欺负的”“我是说一不二的君王，我无比正确，别人都得听我的”；对亲人：“他们都不懂我”“他们都欠我的，对我不好”“他们应该对我好”“他们都想从我这里得到好处”；对伴侣：“女人都是不可信的”“我这么好，绝不能容忍别人一丝一毫的不忠”“我不能表现出温柔，这会给人一种软弱的感觉”等诸如此类的非理性、不合理的超价观念。这些理念影响着他们的行为，使他们在人际关系中举步维艰，让人退避三舍。

诚然，一般人在某些特殊的情况下，都有可能对人或事抱有一定的戒备之心。怀疑、警惕，探求他人隐藏的动机，或不信任他人都是正常的，是能够被理解和接受的。这也是保护我们自己不受外界伤害的一种本能。但偏执型人格障碍患者则是几乎在所有的情况下，始终处在一个戒备的状态，用怀疑的眼光看待周围的一切，且深信自己的错误判断和妄想。即便是对别人眼中忠厚可靠的人，甚至是亲人、伴侣，也毫无信任感。而与此相反的是，偏执型人格障碍患者虽然不信任别人，却非常自恋。他们赋予自己许多美好的人格特质，如正直的、纯洁的、公平的、高贵的。因为有这些执念，所以常常觉得自己在社会上或人群中是脆弱的，易受到他人不公平的对待，正如余志刚一样。在公司里，他觉得领导亏待了他，同事轻慢他；在家里，老婆对他不忠；连邻居都欺负他。好像他周围的人俱是狡诈、伪善之辈，个个别有企图。于是，他陷入自己构建的深深的“阴谋论”，对他人的中性或善意的动作加以歪曲且采取敌意和藐视。同时，还热衷于寻找怀疑偏见的根据，以证明自己的判断。与现实隔离，生活在自我夸大的迫害幻想中，不能自拔。因为担心自己会被别人以某种方式操控、贬低、侮辱、伤害，所以他总是处于过于戒备和紧张的状态之中，缺乏安全感，表现出敌视、愤怒、控诉或攻击行为。

拥有这种病态人格的人，在外不能与同事、朋友、邻居融洽相处；在内夫妻矛盾重重，家庭内部也不和睦。最终，落得个孤家寡人。而极度恶劣的人际关系又让患者愤懑、痛苦、委屈、焦虑……负面情绪满满，对事态的前后关系缺乏正确评价，容易发生病理性嫉妒，出现伤人或伤己的过激行为。所以，偏执型人格障碍患者大多活得不快乐，心情阴郁，毫无幸福可言。

偏执型人格形成的原因很复杂，有迹可循的线索包括遗传和后天环境。从遗传的角度来说，有学者发现人格障碍的亲族中，患人格障碍的比率显著高于正常人群。所以，亲属中有偏执性人格障碍患者的人，是偏执型人格障碍的易感人群。也有报告发现，人格障碍患者脑电图异常者比率亦高于正常人群。人格障碍患者的自主神经功能是异常的，其自主神经反应性低下，皮肤电恢复得缓慢，导致习得性抑制能力缓慢和软弱。

也就是说，当一个孩子受到惊吓时，如果他的自主神经反应性高，皮肤电恢复得快，就能迅速消除恐惧反应，从而保护自己心理不受伤害，反之则不然。由此可见，生物学因素对人格障碍有一定的影响。但是，遗传的影响到底有多大很难下定论。

环境因素是指在儿童心理发育过程中，对人格发育有着重大影响的家庭和社会环境。而人格障碍的形成大多是由不良的环境因素造成的。不良的环境因素指的是生活环境异常、家庭教育方式不当、后天受挫等。

生活环境异常主要指的是家庭环境和社会环境的异常。就家庭环境而言，如果婴幼儿从小失去父母、被遗弃、缺乏母爱或父爱；抑或爱被剥夺、受继父母的歧视等，都会受到精神创伤，以致对人和周围的一切没有安全感，没有信任感；儿童时期的家庭教养方式不当也可致人格病态发展，比如幼年生活在不被信任、常被指责、被否定、被拒绝的家庭环境之中；父母不睦，经常争吵、打架，甚至分居或离异；父母或其他抚养者期望过高，粗暴凶狠、过分强迫、苛求、训斥；过分溺爱、一味放纵等，极易造成儿童精神压力大或产生逆反心理，形成偏执型人格。

如果一些不良的性格倾向被早发现，经过恰当的教育，是可以矫正的，因为儿童大脑有较大的可塑性。如果听之任之，就可能发展为人格障碍。不良的社会环境，如杂乱的社区环境、社会不良风气、不合理现象、扭曲的价值观等都会影响青少年的心理发育，使其产生敌视、暴虐、愤怒、压抑、自暴自弃等不良心理而发展至人格障碍。

此外，后天受挫，一个人在成长过程中连续地遭受生活打击，遭遇挫折和失败，如生活艰难、事业不顺、经常受侮辱或冤屈、被别人陷害等，也会使人丧失对人和社会的基本信任感。还有一些自我苛求、自我要求标准极高的人，由于不能正确认知和接受自身不完美和理想自我之间的巨大差异，会对自身自以为存在的某些“缺陷”，如家庭背景不优越、身材不突出、长相平庸、才能一般等极度敏感，因而，对任何人都持怀疑的态度，生怕别人瞧不起自己。其实，这是他意识深层的自卑在作祟。

关于人格障碍与神经症、精神疾病之间的关系，目前一般认为，人格障碍与神经症之间亦有着密切联系。被诊断为神经症的人，完全可以从他们身上找到病态人格的特征，而有病态人格的人，也可发现神经症的特征。在人格障碍与神经症之间没有一条泾渭分明的界线。同样，人格障碍是成为精神疾病的易感因素或诱因；某些人格特征是精神疾病的不典型表现；人格障碍和精神疾病有着共同的素质与环境背景，两者可共存，但不一定有病因联系。

由于认知偏执，人格障碍患者总认为自己根本没有患病，是医生在胡说，对医生毫无信任感，因而常常拒绝与医生合作，使得医生无法介入治疗，贻误病情。对偏执型人格障碍治疗的最好时机应该是患病初期。所以，早识别，早干预，才能有效调节、治疗。否则，易发展为偏执狂或偏执型精神分裂症。

第二节 坏，也是一种病
——反社会人格障碍

人之初，是善还是恶？有人相信人之初性本善，认为怜悯和同情是人类情感中最原始的部分。它使人们一直保持向善；使人们在看到或想象到他人的不幸遭遇时，常为他人的悲痛而感伤；也使人们愿意关心别人的命运，心甘情愿地把别人的幸福看成是自己的事情。虽然除了看到别人幸福而感到高兴，其实并不会得到什么实质性的回报，人们还是愿意为他人的幸福不计回报地付出。

但是，也有人说：世上大约有 4% 的人天生就没有良心。人之初是恶的。总有那么一些人，不知道从什么时候失去了或根本就没有怜悯和同情。他们麻木、冷漠、邪恶，一再地轻易举起手中的刀，刺向无辜的人们，尽管很多时候，他们之间本没有什么血海深仇。仅仅是因为这样做——让别人痛苦，会让他们莫名地快乐，兴奋，就像无聊时吸一根香烟，如此简单！似乎别人的幸福快乐就是他们心头的一根刺，非拔之而不快。可见，坏也是一种病。

案例回放：被恶魔附体的男人

“你给我滚出去！”初一（三）班的数学老师吼叫着，抓起黄勇的一只胳膊，奋力把他从座位上一下子给拉了起来。可能用力过猛，黄勇一个趔趄，差点摔倒。

黄勇站稳后恼羞成怒，他何尝受过这样的羞辱。他脑袋一热，提起凳子砸向数学老师。幸亏数学老师躲得快，一歪头，凳子擦着他的背砸在地上，散了架。然后，他反手去抓黄勇的胳膊，结果没有抓住。俩人扭打在一起。

“快来人呀！打架了。”班干部们一看情形不对，赶快去叫人。不一会儿，学校两个保安急匆匆地跑了进来，合力把他们分开。

“我要打死你，你信不信……”黄勇嘴里骂个不停，在保安手里狂躁地扭动着、挣扎着，像个饥饿难耐的小狼，恶狠狠地盯着数学老师。闹腾了好一会，才被保安们制服。

“老师，求求你了。他只是调皮了点儿，我以后一定会好好管教他，不再给老师惹麻烦。”黄勇的奶奶闻讯赶来时，听到了一个噩耗，黄勇被学校勒令退学。

奶奶苦苦地哀求着校长：“这孩子可怜，从小没有了妈，爸爸又不在身边。退了学，可怎么办呀？”

黄勇站在一边，仰着头，斜着身子，两手攥拳，一副老子谁都敢打的样子。对于退学这件事，他心里巴不得。其实，他早就不想读了。反正坐在课堂上也难受，不然他也不会闲极无聊，突发奇想地在数学课上拿圆规扎前排同学的后背，被数学老师呵斥，闹了这么一出。

然而，不管黄勇的奶奶如何苦苦地哀求，甚至差点给校长跪下，学校这次不再心软，他们对黄勇的忍耐已经到了极限，无论如何也要开除黄勇。因为，黄勇这些年在学校可谓劣迹斑斑，臭名昭著，是学校出了名的“恶棍”。不但全校学生怕他，连老师都尽量不去惹他。因为他的“坏”毫无底线，无所不在。

黄勇的身世说起来也是可怜。他刚生下来，母亲就离家出走，杳无音讯。父亲为了找妻子也为了挣钱出外打工，常年不在家。所以，是爷爷和奶奶一直在抚育他。虽然家庭经济状况一般，但奶奶好强，怕他出去被人看不起，所以从小什么好吃的好穿的都给他买，百般溺爱，这养成了黄勇固执、顽劣、自私、冷漠、喜欢恶作剧的个性。上小学后，开始成绩还好，90 分以上，但后来他不断打架闹事，辱骂同学和老师，甚至公然在学校里向低年级的小学生收“保护费”。小学三年级时，有一天在放学回家的队伍中，他居然把生殖器掏出来露在外面……这些年，老师为教育他费尽心血，但收效甚微，干脆放弃。他的成绩也逐年下降，到小学毕业时勉强升学。现在，他不但门门功课不及格，还不服管教，动手打老师，学校实在是忍无可忍。

回到村子，不读书的黄勇好像一条挣脱了绳索的恶狗，整天闹得村子鸡飞狗跳，不得安宁。不是偷吃偷拿了邻居家的东西，就是打了别人家的孩子。

“李婆婆，你家黄勇把我家小宝的头都打破了，你到底管不管。”村头的古家拉着自家的孩子找上门来。

“小孩子打架，有什么大惊小怪的。医药费我出，行了吧？”黄勇的奶奶不以为意地说。

“你家黄勇再不好好管管，以后要上天。”

“我自家孙子我知道。不用你操心。”

黄勇奶奶很高兴自家孙子彪悍，没人敢惹。只会一味地袒护孙子，不舍得责骂一句。即使是黄勇的爷爷说他两句也不行。

黄勇知道古家来告了状，心生怨恨，想着怎么报复一下。他走到村头，突然看见了古家的老猫，便伸手抓住，躲在小树林中，毫不留情地用石块砸猫。猫尖利地惨叫着，他非但毫不手软，反而兴奋异常。乘着天黑，他把死猫扔到古家院子里。干这种事对他来说，并不是第一次。以前小的时候，他就经常砸死青蛙、麻雀、小鸡之类的小动物。还得意扬扬地提着吓唬其他小孩，丝毫没有罪疚感，觉得自己够胆，挺好玩。

村里人看到他就像看到魔鬼，躲着他走，不敢和他计较。但是，还是有人不怕他。有天，黄勇伙同几个不三不四的小孩，把王老头下蛋的母鸡给吃了，气得王老头跑到他们家，非让他奶奶赔，不然就骂骂咧咧赖在他家不走。奶奶赖不过，只好把自家的母鸡赔给王老头。

可是，此事过去没两天，王老头家的牛棚半夜突然起了火。幸亏发现及时，没有伤到人，但牛棚被烧毁了大半。后来，警察通过勘验、走访、取证，终于找到了纵火人黄勇。他趁夜深人静伺机报复，以泄私愤。

于是，十四岁的黄勇被送进工读学校。在学校里，他也没有收敛恶习。经常借故离校一两个月不返校，直至被捆绑押送回校。学校实在没有办法，让他父亲把他领回。回家后，黄勇一年内多次与人盗窃公私财物，被收审。释放后，也曾发誓要洗心革面，重新做人，被亲戚介绍进工厂做工。但不久，他就嫌活太累，工资不高，开始旷工。

旷工在外的黄勇好逸恶劳，什么事情都不做。每天招引一帮狐朋狗友，在家中吃喝玩乐，聚众赌博。要不就带一些不三不四的女青年来家里，搞得家里乌烟瘴气。他爷爷看不下去，说他几句，他便大骂爷爷："你这个老东西，还不死。少管我的事。"说着，用力推搡爷爷，致爷爷倒地，左腿骨折。

没钱了，就找奶奶要。一开始，奶奶还有求必应。后来看他实在太大手大脚了，便埋怨了几句。结果黄勇大怒，一脚把他奶奶踹翻在地，夺过钱包就跑。事后，对卧病在床的奶奶毫无愧疚之心，好像什么事都不曾发生过。在家，他除了吃就是睡，什么事也不干。只要没钱，就逼着老人拿。如若不给，非打即骂，像对仇人一样对待辛辛苦苦把自己养大的爷爷和奶奶。

有了钱，黄勇就在外面灯红酒绿，胡吃海塞。吃饱喝足了，瞧谁不顺眼，就寻衅闹事，纠集其他混混用棍棒、皮带毒打他人。

这天晚上，黄勇又和一帮兄弟在大排档吃夜宵。邻桌有群小伙子闹酒，不小心洒到黄勇身上。尽管人家赶紧说了"对不起"，但是，黄勇说："你敢碰老子，看老子不打死你。"说着，就对别人拳打脚踢，致其大脑受重创，深度昏迷，成了植物人。于是，黄勇被公安机关带走。

心理医生手记

黄勇，男，19岁，独子，生长发育正常。诊断为：反社会人格障碍。

反社会人格障碍又称无情型人格障碍或社会性病态，是一种犯罪型人格障碍。此类人格障碍的特征是有高度的攻击性，缺乏羞愧感，不能从经历中吸取经验教训，行为受偶然动机驱使，社会适应不良等。患病率在我国没有具体的统计。

反社会型人格障碍是人格障碍中对社会影响最为严重的类型，患者常常犯下惊天大案，祸害人群和社会。虽然其行为与公认的社会规范背道而驰，屡受惩戒，但是患者对自己的人格缺陷缺乏自知力，不能从经验中取得教益，因此本症是一种持久和牢固的适应不良行为的模式。患者的人生常伴有酒中毒、药瘾、淫乱、工作失败、频繁迁徙和犯罪，多见于男性。

反社会人格障碍是一种心理疾病。患者以冲动和不负责任的行为方式，给他人和社会造成极其严重的危害。反社会人格障碍归结起来有七大特征：1. 无社会责任感；2. 无道德观念；3. 无恐惧心理；4. 无罪恶感；5. 无自控自制的心理能力；6. 无真实感情；7. 无悔改之心。

其中，冷酷无情和不能控制的冲动是反社会人格障碍最突出的两大特点。冷酷无情，可以说反社会人格障碍患者所到之处都留下了斑斑劣迹，让无数的心灵受伤、无数的期望破灭。他们经常头脑一热，便做出伤害他人的举动。这和普通人的一时冲动不同。普通人虽然也会在严重被伤害或惊吓的情况下做出一些冲动行为，例如激情杀人、防卫过当，但冲动过后，面对所造成的后果，往往会焦虑、内疚、后悔。而反社会人格障碍群体不会。因为他们完全没有良知、同情心、负罪感，丝毫不受良心谴责。他们总是心安理得地做出那些伤天害理的事，作恶后完全不会感知到被害者的痛苦，甚至嘲笑和责怪受害者是自作自受、理所应当。对犯的错不会感到一丁点儿内疚，更别提为自己所犯下的罪行心生愧疚、寝食难安。他们不能控制冲动，行为受本能欲望、偶然动机和情感冲动所驱使，这也是导致反社会人格障碍患者屡屡犯罪的主要原因。他们通常缺乏对挫折的承受能力；易激惹，轻微刺激即可引起暴力或攻击行为；行为冲动，不考虑行为可能带来的后果，想干什么便干什么。他们不甘于平凡、平淡的生活，不能忍受日常事务和婚姻的乏味，常更换婚姻关系，夫妻关系难以维持一年以上，对子女也不闻不问；对生活容易感到厌烦和焦虑，生性追求冒险刺激，常常做出惊人之举来满足自己畸形的心理需求。

案例中的黄勇从小就无恶不作，伤害动物和他人。作恶仅仅是自私地想拿走他想要的东西，做他高兴的事。每次做坏事时毫无怜悯之心，过后亦无悔意，还常常感到一种莫名的放松和快乐。这种作恶时的好感觉成了他们下次继续作恶和加倍作恶的原动力。高度的冲动性和攻击性使他们常有不符合行为准则或违反社会规范的行为，如破坏公共财物，反复斗殴或攻击别人等多种形式的犯罪，甚至伴有酒精或药物滥用，常被社区或公安机构强制性教育或劳教，拘留或刑罚。

反社会人格障碍患者由于经常作恶，难免会相由心生。他们面露凶光、嘴歪眼斜、气质猥琐。尽管如此，还是有一类反社会人格障碍患者看上去相貌平凡，甚至忠厚老实、风度翩翩、外表迷人，初次相识就给人很好的印象，还会帮助别人消除烦恼、解决困难。所以，他们表面上是遵纪守法、爱家敬业的好男人，人畜无害，实质上是杀人不眨眼的恶魔。

有研究者发现，相当一部分反社会人格障碍患者是政治、商业和演艺界等领域的精英，社会角色相当成功。这些反社会人格障碍患者的特点：智商在中等或中等以上水平，擅长表演、欺骗，通常通过操控他人实现自己的目的。这便是他们最为可怕之处，他们具有很强的隐蔽性和目的性，让人防不胜防，甚至让人羊入虎口而不自知。所以，要想从人群中判断出这类反社会人格障碍患者是比较困难的，这类人做起坏事来游刃有余，利用他人的善良与信任编织谎言而丝毫不受良心的谴责。他们更懂得如何乔装打扮，让自己看起来非常成功、富有魅力、可信任，但他们绝不会关怀人、爱人，他们只是为了利用他人，以达到自私和不可告人的目的。当他人没有了利用价值，就会第一时间被无情地抛弃。

他们同样攻击性强，常常无视社会道德规范频繁做出大多数人难以接受的行为，例如偷盗他人财物、虐待他人甚至恶性犯罪。不管哪类反社会人格障碍患者，都热衷于为了个人利益或乐趣去欺诈他人、伤害他人，视他人的意愿和生命如草芥。

反社会人格障碍者的人格畸变是诸多因素长期相互作用的结果。一般认为与遗传、大脑发育先天性缺陷、中枢神经系统发育不成熟、童年的精神创伤以及社会环境中其他后天不良因素的影响有关。遗传方面，研究显示，在西方，反社会人格以男性较为多见，在患者的家族中，亲戚多有反社会人格。该类人格患者在生理上确实有异于常人的地方，比如缺乏与焦虑相关的自主神经反应（包括皮肤直流电反应）；脑电图检查证实大脑发育不良或大脑发育不成熟，可能有过大脑损害。从病理心理学分析，这类患者的人格不成熟，心理行为具有幼稚、冲动的特征，是一种生理上的病理变化。

但是，究竟是遗传带来的基因上的异常，致使一个家族的反社会性人格较多，还是这个家族本身的教养环境存在问题，由此塑造了过多的反社会人格？这确实很难说清。

后天的不合理教养、不和谐的家庭关系和社会不良因素是非常重要的原因。因为人本身就算隐蔽着容易冲动的基因，但最终这种基因是否显现，还是要取决于人们在幼年时候的经历。如果在此阶段，一个人充分得到父母及家人的关爱，得到合理的教养，生活在一个充满安全感的心理环境中，一定能够顺利地度过主要的人格形成期，完成自我人格的建设。但是，有些人没有这么幸运。他们在童年的时候经历了较大的精神创伤或心理打击，如缺乏母爱和父爱、父母离异、过分严苛的家教，甚至是打骂、虐待。反社会人格障碍的父母、恶劣的社会环境和不合理的社会制度等，都会在幼小的孩子心理上产生极大的冲击，让他们无法适应。

调查表明，反社会人格障碍患者几乎都有一段不幸甚至是凄惨的早年经历。儿童被父母抛弃和受到忽视、从小缺乏父母亲在生活上和情感上的照顾和爱护，很容易导致孩子内心缺乏温情，缺乏对他人的同情。用心理学术语，就是缺乏共情的能力，即理解他人以及分担他人情绪的能力，或从思想情感上把他人纳入自己心境的能力。并且，幼儿与青少年期受虐待的经历，导致患者产生仇恨与敌视社会或人类的心理。不曾被人关爱过的孩子，自然也不会有关爱他人的能力。他们成人后也没有能力去发展一段温柔、热情和亲密无间的人际关系，只能与人维持一种肤浅的、短暂的或虚假的友谊关系。

所以，一个温馨和谐的家庭关系对于孩子的成长是十分必要的。同样，父母正确的教育无疑对一个人人格的形成和完善有着至关重要的影响。例如，本身有人格障碍的父母，自然不能给孩子成长所需要的一切，极易带出有人格障碍的小孩。父母教育过于严苛，也会让孩子感受不到爱和温情，常常内心委屈、愤怒、压抑，缺乏共情的能力。而父母的行为或父母对孩子的要求缺乏一致性，如喜怒无常、赏罚无定规，使孩子无所适从、心理混乱。

反社会人格障碍患者对坏人和对同伙的引诱缺乏抵抗力、情绪不稳定、对过错缺乏内在判断、缺乏罪疚心等现象，都是由于他人赏罚的不一致性，本人善恶价值的判断自相矛盾。亲人过分溺爱，家庭成员对于他们的行为无原则、无节制、缺乏限制，是其自我中心的思想恶性膨胀的根源。成人后表现为不负责任、无同情心、撒谎欺骗、冲动性和无法自制的某些意愿及欲望。

案例中的黄勇就是因为缺乏父母关爱，加上奶奶的溺爱，最终发展成反社会型人格障碍者。综上所述，这些不良因素妨碍了儿童人格的正常发育，导致人格扭曲。向外表现为犯罪与违法行为，向内转化为神经症，成为人格障碍患者。

另外，反社会人格障碍不同于一般犯罪。虽然二者都发生违纪行为，对所发生的犯罪行为均负有完全责任能力，但它们还是有很大不同：首先，一般犯罪者在犯罪前，往往有计划、有预谋，而反社会人格障碍者大多没有。他们多是冲动型的犯罪者，激情杀人，行为无计划。其次，犯罪者违法有明显目的性，或为财、为色，或为报仇……反社会人格障碍患者的行为多受情感冲动支配，犯罪动机较模糊。有些犯罪者似乎只是为了图一时爽快，心血来潮，即兴犯案。再次，犯罪者在他人受害时，一般作案手法隐蔽和狡诈，企图逃避罪责。而反社会人格障碍患者多害人害己，明目张胆。当然，高智商反社会人格障碍患者除外。最后，一般犯罪者的人格也有一定缺陷，但大多数未达到人格障碍的程度。犯罪分子群体中也包括了那些不具有反社会人格障碍或精神病态特征的个体。反社会人格障碍者在作案的时候内心没有丝毫怜悯和同情。每一起杀戮背后未必是因为有什么嫌隙或深仇大恨。

反社会人格障碍是一种心理疾病，病症的特征之一就是他们在作恶之后会获得一种心理上的满足感，而不会像一般罪犯一样，恐惧、害怕、后悔、内疚……即便是最大的恶棍，极其严重地违反社会法律的罪犯，也不会全然丧失同情心。反社会型人格障碍者则在心理活动的各个方面都有严重的影响，反映在生活的各个方面，会表现出持续和长期的行为障碍。

这类人的人格缺陷其实从儿童少年期就可窥见端倪。他们常有某种情节轻微的反社会行为，如无故伤害动物、学习成绩不良、逃学、违反校纪、反复说谎、小偷小摸、目无尊长、喜欢攻击人、经常参与或挑起斗殴等，曾受学校惩罚或开除，过早进行性活动等。像本案例的黄勇，从小就不是省油的灯，并且屡教不改，无人能管。

因此，他们就如荒原上的野草，肆意疯长。成人后，他们一般情感肤浅而冷酷，脾气暴躁，自我控制差，对人虚伪，缺乏责任感，与人群格格不入，生活工作缺乏计划性和目的性，法纪观念较差，两性关系混乱。最终，发展为一个无法适应社会的反社会人格障碍。对于已经出现问题行为的儿童，应该及早地察觉，引起重视，并且调整教养方式或环境。这样可以及时矫正许多有反社会行为的儿童，帮助他们人格健康地发展。

反社会人格障碍者一般不会自愿寻求医生帮助，因此门诊极为少见。他们往往违反社会法纪而被监禁或投入劳教，或亲属强迫来就诊。大多表现紧张、抑郁，认为周围歧视他、憎恨他，这种认识和情绪状态可延续下去，甚至到成年、老年，违纪行为减少时亦如此。大约有 30%~40% 的患者，症状在 30 岁以后有缓解或明显的改善。然而，对于绝大多数成年人，各种方式的治疗和干预都收效甚微。所以对于成年的反社会型人格障碍人群，当下主流做法还是在他们做出了危害社会的行为之后把他们收监，绳之以法。总之，反社会人格障碍的危害性不容忽视，全社会应对此予以关注。

第三节 冷漠的避世者
——分裂样人格障碍

这个世界的世俗纷扰、情感交错似乎与他们毫无干系。他们像是游走在人间，到地球来做客的外星人。他们与世人本无嫌隙，但是不知从何时起，就算他人的笑容足够灿烂，他人的热情足够炽热，他人的关爱足够真诚，也无法敲开他们的心扉，博得他们一丝的笑颜。他们是冷漠的避世者，拒绝被这个世界侵扰。俗世凡间的人情世故无法拨动他们的心弦，他们不明白也不关心地球人的喜怒哀乐、爱恨情仇。每天，他们像孤独的夜行者，特立独行，我行我素，一心只想陶醉在自己的小世界里，做着无人能懂的美梦，不愿醒来。似乎唯有这样，才能找到活下去的理由。

案例回放：寡欲的新郎

“赵进，弟弟都摔倒了，你没看见吗？”妈妈粗大的嗓门像是贴着耳朵在叫。赵进本能地哆嗦了一下，扭头看时，小他五岁的弟弟正坐在地上大哭。他面无表情、极不情愿地站了起来。其实，赵进也还是个孩子，不过十岁而已。

“你一天到晚就知道算数。你就不能帮我看着你弟弟？”妈妈越说越气，走过来，不容分说地拿起他的演算本，丢在地上。赵进赶紧弯腰去捡，而对一直在地上大哭的弟弟视而不见。

“我怎么养出你这么个不通人情的畜生！”赵进妈妈把小儿子从地上抱了起来，骂骂咧咧地叨唠着。

赵进对他妈妈的话毫无反应。看着他妈妈的背影走出门，他木然地转身，继续算数学题。

不知道是习惯了，还是麻木了。反正，从记事以来，他的妈妈都是这样喜怒无常，满嘴脏话。每天像一个高音喇叭，时不时地就会在耳边炸响。现在，不管妈妈说什么，他已经做到听而不闻。不知道从什么时候起，周遭所有的一切似乎都不能激起他一丝的情绪波动。包括他弟弟的一切，他也不闻不问，当他不存在。唯一能让他有所感觉的，就是他的数学题。唯有在演算一道道数学题的时候，他才会感到一些快乐和放松。

“赵进，你能给我讲讲这道题吗？”吴琼拿着自己的作业本，走到赵进的桌前，问他。他们是初一（五）班的同班同学。

“哦，好吧。”赵进无法拒绝吴琼。不仅因为她是个漂亮的女生，还因为她是一班之长。

“这样……这样……”赵进头也不抬地讲着题，当吴琼不存在。仿佛只是想厘清自己解题的思路而已。他自说自话，浑浊不清的话语，只有他自己才明白。

吴琼听得一头雾水。其实，她也不是非要请教赵进这道题。只是作为一班之长，看着赵进从不参加班上的集体活动，也没有一个好朋友，她觉得自己有责任让他融进班集体，况且，这也是老师交给她的一个任务。所以，她才找各种理由接近他。但是，许多次的尝试后，她心灰意懒，打算放弃了。

每次和赵进说话，他都是这样从不看着说话人的眼睛，话也说得前言不搭后语，让人很难明白他的意思。而他好像根本无所谓，没有任何想和人交往的需求和兴趣，即便是对老师和父母。他常常沉默地像块石头，不苟言笑，独来独往。任何时候，任何场合，都目光呆滞，肢体僵硬，板着一张脸，似乎人世间的种种迎来送往都让他厌倦。他躲进自己构筑的城堡中，自得其乐，也不允许别人随意地走进。如果不是优异的成绩，尤其是在数学上的出类拔萃，恐怕老师和同学都快要遗忘了他的存在。

大学毕业后，赵进被招进一家私营企业，做了一名会计。但是，他不爱说话、不与人打交道、孤僻内向的性格丝毫没有改变。虽然工作还算认真，可是他几乎不和领导和同事交流，更不用说主动地去结交朋友。下班后，一个人把自己关在宿舍里。在那间窄小的房间里看书学习，演算公式，攻克难题。他甚至很少回家，就算迫不得已必须回趟家，也不怎么和父母交流。每次都来去匆匆，像遇到鬼一样，迅速地逃离那个家。不管是父母，还是他的弟弟，在他心里好像都不如那些枯燥的数学公式和数字来得亲。

在生活上，赵进兴趣索然，没有什么特别的爱好。穿着随便，不修边幅。冬天一套灰色的棉服，夏天是白衬衫配灰西裤，经年不变，难免总给人一种落后时代、怪里怪气的感觉。因为没有朋友，所以几乎没有什么社交活动。热心的办公室女同事看他年龄不小了，四处张罗给他介绍女朋友。可是，每次姑娘和他见了一次面后，就再也不愿意见他第二次。因为，每次见面时，他都神游太虚，既不懂姑娘们在说什么，也不知道应该和姑娘们说些什么。

“你好。”姑娘们总是先开口。

“你好。”他鹦鹉学舌般地回应着。

“你平时有什么业余爱好？”姑娘问。

“没有。”

“不看电影或运动吗？”

“不。”

“听说你很擅长数学？”

“嗯。”他继续沉默。

赵进电报式的回答已让相亲的姑娘们很生气，而冷漠和心不在焉的神情则更让姑娘们无法忍受。

就这样，一连介绍两三个都没有成功。后来，他自己对此也缺乏兴趣，这事也就没有人再提了。也许是一个人孤独久了，自己也觉得太无聊了吧，赵进居然常常在下班后一个人跑到办公室把地板拖了又拖，把桌子抹了又抹，将各种文件整理了又整理。似乎不这样做，他晚上就睡不着。所以，办公室、宿舍和食堂三点一线是他的全部的生活。他像上了发条的木偶，被人固定在三点一线之间，无法挣扎。因为对其他活动场所接触得太少，结交的人也少，长此以往，他对外界的反应变得越来越迟钝。有时换季了，都还穿着上一季的衣服。待人接物的能力也极差，不懂最一般的人情世故，活得像从古代穿越过来的人。

赵进快 40 岁的时候，母亲实在看不下去，怕耽误自己抱孙子，便四处托人，在乡下给他找了个朴实的姑娘。他没有说好，也没有说不好，对女孩不冷不热，一副漠然的样子。不久，他们就在双方父母的不断催促下结了婚。可是结婚时，他不知如何操办婚礼，他母亲只好一手操办。婚后，他也不知道如何上街购买生活用品，如何布置一个家，全凭母亲和妻子做主。

新婚之夜，姑娘坐在卧室的床边，等着赵进一起就寝。可是，迟迟不见他的身影。走出房门一看，原来他在书桌前，认真地验算着深奥的数学题。

“这么晚了，我们休息吧。”新娘说。

越进不回应，似乎沉迷其中，没有听见。

“太晚了，休息吧。”新娘不得不更大声。

“你睡。”他头也没抬，随口说道。

新娘满腹委屈，但也不好说什么。就这样，她度过了一个没有新郎陪伴的初夜。其实，这只是她可悲的婚姻生活的开始。婚后，她才发现她的新郎就像个不懂事的孩子，生活自理能力极差，几乎不会干家务。而且非常自闭，不但不与外人交往，连家里的亲戚也不搭理。甚至她这个新婚妻子，也好像只是他雇的保姆，被视若空气，没有任何想亲近的意愿。不管新娘如何暗示，甚至主动靠近，都被赵进漠然拒绝。

有一天，赵进不得不出外办事。但因离群索居太久，反应迟钝，出门横穿马路时，没有及时躲开飞驰而来的小轿车，被撞到，住进医院，昏迷不醒。

心理医生手记

赵进，男，40 岁，有一弟，生长发育正常。诊断为：分裂样人格障碍。

分裂样人格障碍主要表现为退缩、孤独、沉默、呆板；情绪缺乏和冷漠，体会不到一般人的情绪，如温暖、愉快、失望、痛苦、哀愁等。因为缺乏体验令人感到愉快的情绪的能力，因而也被称为缺乐症。不仅自己不能体验欢乐，对他人亦缺乏温暖。没有亲密朋友或知己，甚至亲属关系也淡漠。他们也许会觉得自己有朋友，但这些通常都只是表面认识而已，并没有真正意义上的友谊。

他们可能会努力地去交朋友，但这种努力会因为他们不懂人情世故，不能表现出应有的热情、不能投入真实的情感，常以失败告终；过分敏感，且害羞，胆怯，有怪癖；未丧失认识现实的能力，但常表现孤立行为，趋向白日梦和内省性隐蔽；爱好不多，表现出社会性的隔离，偏好机械或抽象的任务；活动能力差，很少从活动中获得乐趣，缺乏进取心；对人际关系采取不介入的态度，对外界的批评和肯定，均无动于衷，反应不良；缺乏性兴趣。人群中，其患病率大致为 3.1%~4.9%。但实际上，分裂样人格障碍本身是很难准确评估的。男性具有较高的患病率。一般在童年早期开始形成并长期存在。像案例中的赵进，小的时候就表现出过度的冷漠和不通人情。

与赵进的沟通是很艰难的。他要么不说，保持坚硬的沉默。要么词不达意，顾左右而言他。多数时候不知所云。这也是这一类人格障碍者的惯常表现，心理治疗很难介入，却是必须要进行的。断断续续地，心理医生了解到赵进的爸爸常年在外打工，偶尔回趟家，也是把自己喝得烂醉如泥，不理家事。赵进妈妈本身就脾气暴躁，生了弟弟后，更加焦躁、喜怒无常。对赵进经常是非打即骂，不分青红皂白。赵进本就个性内向、胆小，时间久了，更是沉默寡言，情感淡漠。

分裂样人格障碍患者最典型的特征为缺乏温情。难以与别人建立深刻的情感连接，对别人的感受和事情漠不关心，很少主动与别人接触，大多数时间选择独处，也不与别人一起参加各种活动。他们似乎自带玻璃罩，虽然活在凡间，却不食人间烟火。对人间的种种乐趣如亲人之间的天伦之乐、夫妻之间的欢愉、朋友之间的嬉戏、同事之间的互动等，都不屑一顾。因此，他们没有什么人际交往，患者普遍的模式就是脱离了各种各样的社会关系。他们缺乏表达人类细腻情感的能力，对外界很少有情感反应。也少有强烈的情感，如愤怒和狂喜。故大多数分裂样人格障碍患者独身。即使结了婚，也多以离婚告终，过着一种孤独寂寞的生活。几乎没有人能走进他们心里，分享他们的所思所想。

分裂样人格障碍患者虽然欠缺情商，但他们的智商一般正常，甚至在某些方面超常。一些科学家、发明家、计算机奇才以及音乐家常是分裂样人格障碍的患者。文学作品中此类比较典型的人物——福尔摩斯，便具有分裂样人格障碍的特质。他不期望与他人交往，除非为了破案，才迫不得已与人接触。甚至与他的助理兼密友华生和亲哥哥都保持距离。没有案件发生时，他几乎都埋首于科学与研究中，基本上不与人发生联系，更别说人情往来。他宛若一个孤独的骑士，人世间只有案件才能让他兴奋，倾尽全力。从外形上，人们可以很容易地从人群中把他们分辨出来。因为他们常常服饰奇特、穿着不合时宜或不修边幅。习惯反常，行为很奇怪或目的不明确。言语也怪异，常常离题、用词不当、意思表达不清。不论交谈的焦点是什么，都让人听不明白，甚至误解。在人们的眼里，他们就是一个不折不扣的“怪人”。怪异的言行导致其社会适应困难，被人看不起，常受嘲弄，这让很多患者变得多疑、偏执，甚至有被害观念。患者觉得这个世界充满了敌意和不可预测，所以他们尽可能地回避社交场合，几乎不信任任何人，除了个别亲人。患者常年自我封闭，又沉浸于神秘而深奥的思考，不谙世事，缺乏社会实践。随着时间的推移，患者仅有的最低限度的社会技能、日常生活功能会不断退化，人也变得更加自闭、古怪。这一切的表现实际上与他们所具有的文化程度和智商是不匹配的。避世者、流浪者、隐士或是独行侠是他们在社会中最常见的角色。

分裂样人格障碍患者大多与社会脱离，他们所关心的只有自己的那点事务。虽然其中有些人有业余爱好，但多是阅读、欣赏音乐、思考之类安静、被动的个人活动。因为智商超群，不受外界事务的打扰，注意力集中，因而部分人有可能一生都专注于某种专业，可以做出较高的成就。但大多数人适合人少的工作，如在图书馆、书库、实验室、仓库、山地农场、林场、气象观测站、广播电视转播台等地方工作，很难适应人员众多的场合和需要交际的工作。并且这类人的性欲淡漠，对人没有特别的喜爱和渴望。

其中的男性堪称“不近女色”“禁欲系”的典范。他们总是以冷漠无情的态度来应对生活中发生的一切，并以“眼不见为净”的方式逃避现实。虽然他们的内心世界极其广阔，常常想入非非，但常常缺乏相应的情感内容，没有办法深刻地体验到各种情感变化，像一个木偶，没有生命的活力。他们仅仅是以人的外壳生存，不能确定自己是谁，生命有什么意义，他们害怕人际关系的卷入或者被他人控制，但是为了生存，他们又不得不建立一些必要的人际关系，这让他们很惶恐且勉为其难。加上他们对人际关系的认知是荒谬的，认为缺乏人际关系有利于捍卫自己的“真实自我”，避免被其他人压制，因为被其他人压制会产生“虚假自我”，因此，他们时常刻意地逃避人际交往。可是，在他们貌似“与世无争”的外表下，内心却很压抑，充满了焦虑和敌意的痛苦。总的说来，这类人生活平淡、刻板，缺乏创造性和独立性，难以适应不断变化的现代社会生活。

分裂样人格障碍的形成依然可以看到遗传因素的影响痕迹。有研究显示，分裂样人格障碍有较高的家族遗传史，比如过度敏感的气质、内向性格等。也就是说，比起一般大众，有分裂样人格疾患的家族有较高的概率产生分裂样人格疾患。而恶劣的家庭环境则阻碍人格正常发育，推波助澜，成为分裂样人格障碍产生的催化剂和罪魁祸首。

研究显示，分裂样人格障碍的家庭环境最显著的家族特征是有一个冷漠、疏远、喜欢羞辱人或残忍的照顾者。在这种环境下成长的小孩，感受到的是痛苦、无自尊、无爱以及混乱的人际关系。而健康、正常的人际关系，是一个人心理健康的先决条件，尤其是儿童早期的人际关系——亲子关系。因为，儿童是在与父母的关系中建立自己早期人格的。个体出生以后，有很长一段时间不能独立，需要父母亲的照顾，在这个成长过程中，儿童与父母的关系无疑是最重要的，也是无可取代的。尽管每个儿童在这个过程中不免要受到一些指责或皮肉之苦，但只要他感觉到周围有人是真心地爱他，就不会产生心理上的失落和偏差。

但如果终日不断被骂、被羞辱、被批评、感受不到父母的爱，儿童就会觉得世间没有温情，自己毫无价值，没有人爱自己。如果父母对子女不公正，就会使儿童没有是非观念或是非观念混乱，心理上就会产生焦虑和敌对情绪。有些儿童便会因此变得疏离、自闭、压抑、逃避，导致人格障碍。如果儿童都不能和父母的身体和情感发生很好的接触和沟通，如何与其他人和事物的产生良好的接触？他们连最亲近的人都不知道如何相处，又如何能顺畅地接触陌生的环境与陌生的人？这是显而易见的事。

当然，在这种环境的孩子，不一定都会发生人格障碍。只有那些没有办法适应这样恶劣的家庭环境的个体才成为牺牲品。研究发现，有分裂样人格障碍的人在儿童、少年时期一般都有较强的自尊心、过度敏感的气质、内向性格和进取心。加上成长中的种种不利因素，才形成怯懦、冷漠、孤僻、不好交往等人格特征。

而从另外一些分裂样人格障碍患者的身上，有学者提出一个新的观点。如果父母亲过度参与和过度关心孩子，比如家中有很外向且行为经常超越规范的母亲，或一位缺乏耐性凡事吹毛求疵的父亲，也可能造成儿童情感上的退却。因为，父母的高控制或溺爱使儿童常常没有机会真实地表达自己的情感，抑或自己的真实情感被无情地否定和忽略。慢慢地，他们正常的情感得不到发展，甚至出现退化的现象，进而导致成年后的情感障碍。

在一个表面上看上去似乎很有爱，实则亲子交互关系令人混淆且矛盾的家庭，只能使分裂样人格障碍患者为了自保，本能地撤退进入一个自我幻想的空间，不愿意面对真实的世界。因为，真实的世界太严酷，而他们没有基本的应对技能。

分裂样人格障碍与分裂型人格障碍、精神分裂症这两个词很接近，所以，很容易让人把它们联想为同义词。但其实它们之间有着严格的区分。精神分裂症是认知与现实出现分离，而分裂样人格障碍与分裂型人格障碍是一贯的思维、感情、行为模式异常。分裂样人格障碍与分裂型人格障碍都具有孤僻和情感淡漠的特点。分裂样人格障碍患者远离人群，沉浸在白日梦中，喜欢理论推测而不爱实际行动。分裂型人格障碍患者则时常有一些奇异的信念，如相信透视力、心灵感应、特异功能和第六感官等。有“超自然”体验，如灵魂出窍、遥视、透视、心灵感应等。分裂型人格障碍患者有牵连观念，猜疑别人对自己不好。分裂样人格障碍通常没有这种倾向。分裂样人格障碍与精神分裂症区别在于分裂型人格障碍患者仍具有正常的社会功能，而精神分裂症患者不具备。它们之间的关联也是颇具争议性的。

目前，国内外资料指出，半数以上精神分裂症患者的病前人格为分裂样的。有学者认为分裂样人格障碍容易诱发精神分裂症，但一直没有令人信服的证明。而另一些学者认为有的分裂样人格障碍并非终生如此，对分裂样人格患者持续观察 15~20 年后，发现极少有变为精神分裂症的，后来发展为精神分裂症的比例尚未明确。

分裂样人格障碍常从童年期形成起就维持一生，很少改变。迄今无特殊药物治疗这种病态人格。并且，分裂样人格障碍往往不会主动就医。有时，他们的家人会带他们去看精神科医生，理由是他们不能“适应生活”和“适应人群”。有时，因为他们的社会退缩、奇谈怪论、行为怪异会被误诊为精神分裂症。这会让分裂样人格障碍患者的康复走上弯路。其实，分裂样人格障碍的人智力尚属良好，如果及时接受适当的治疗，且患者本人能勇于承认自己的人格缺陷，在医生的帮助下有意识地去了解自己的问题所在，理智地对待病情，病情会有所缓解。

第四节 人生如戏
——表演型人格障碍

人生如戏，戏如人生。他们是天生的演员，在人生的舞台，当仁不让地C位出道。他们自认为魅力无边，光彩照人。所以，这个世界就应该时刻为他们准备一个绚丽的舞台，让他们获得万众瞩目的机会，可以一展才华，惊艳世界。而那些观看表演的人们，就应该随时献上热诚和掌声，为他们华丽的演出惊叹不已。就这样，他们陶醉在自己编织的幻梦中，忘情地表演着、陶醉着、期待着，想象着那最荣光的一刻，像一束耀眼的光芒，笼罩全身。然而，不幸的是，大多数时候，他们的表演不过是自编自导、只有自己一个观众的闹剧！大幕拉开，台下人影寂寂，无人欣赏。而他们却不愿醒来，终日沉醉其中。真实世界是什么样的？他们不想也害怕去面对。他们尽管使尽了浑身解数，编织各种各样的故事情景，更换不同的舞台布景，也没有换来他们梦寐以求的喝彩和掌声。

案例回放：我就是大明星

“你知道吗？小殷喜欢上我了。”秦美娜得意扬扬地对黄盈说。

“你怎么知道的？”黄盈问。

“我就知道，像我这么美，这么有气质的女人，他不可能不喜欢。”说着，秦美娜抬手撩了一下她那夸张的大波浪卷发，甩了下头，一副我还不想理他的样子。

小殷是销售部的一名员工，是公司著名的青年才俊，是公司每个未婚女孩心中向往的白马王子。

“你怎么这么肯定？他向你表白了吗？”黄盈不满地反问道，语气里有着一丝不屑和怀疑。

“不用他表白。我就是知道。我能感觉到，他看我的眼神和别人不一样。”秦美娜肯定地说。

“自作多情了吧？”黄盈撇了撇嘴，起身离开。

“你才自作多情呢！”秦美娜气呼呼地说。然后，又觉得不解气，冲着黄盈的背影喊了一句，“你是嫉妒吧？”

下午5点，黄盈正在收拾资料，隔壁工位的柳林探过头对她说：“快看，快看！‘三扭’进经理办公室了。”

黄盈抬头看见秦美娜，她穿着九厘米高的高跟鞋，黄色的旗袍裹在身上，全身曲线毕露。迈着她一贯的三扭步，头扭、腰扭、臀扭，像一根风中的柳条，摇摆着走进经理办公室。

她们在外边，听不到里面说些什么，但是可以看到秦美娜像一条水蛇，不停地扭动。

“经理，人家不舒服，想早点回家。”柳林盯着屋里的情景，模仿着秦美娜的腔调，嗲声嗲气地配着音。

“哎呀，经理，你最好了，你就同意了吧，啊？”黄盈哧哧地笑了起来，柳林的配音倒是十分地贴合屋里秦美娜的肢体语言。

“啊，你同意了。你太好了！经理，你真的太好了！”秦美娜在屋里雀跃着，几乎是跳着舞，出了办公室。

“拜拜，我要先走一步了。”秦美娜夸张地向黄盈和柳林挥舞着手。

“你怎么今天又要提前下班呢？”柳林有些不满。

“我有事呀。”秦美娜神秘地说，“重要的事！”

“就她事情多，好像这世界缺了她就不转了似的。”看着秦美娜的背影，柳林嘀咕着。

“你信她？她就是这么个人，语不惊人死不休。刚才还和我说，小殷喜欢她。”黄盈说。

“开什么玩笑，喜欢她？她有什么证据？”

“她说自己感觉的。”

“切，我还感觉小殷想娶我呢！”另一个女孩插了一句话，“太可笑了吧。小殷才不会喜欢她这么浮夸的女人。”

秦美娜在公司的女孩中，是一个“奇葩”般的存在。不但穿着打扮以夸张出位，言谈举止也常常匪夷所思。她喜欢模仿影视明星和歌星，时间久了，好像她本人就是明星似的。她在公司里像一只花蝴蝶，只爱炫耀，不会老老实实、本本分分地做事，只喜欢出风头。她喜好社交、喜欢卖弄风情，所以大部分时间和精力都投在各种社交场合。每到这些场合，她便自认为自己是人群中最有魅力的、最热情的，就应该成为众人瞩目的中心。

“嗨，everybody 早上好！”秦美娜人未到，声先至。尖厉的声音，每次都让黄盈不由自主地起了一身的鸡皮疙瘩。实际上，已经不早了，她至少迟到了半个小时。

坐在座位上，秦美娜便开始大声抱怨：“累死我了。”然后，夸张地敲打着自己的胳膊和小腿。

“秦姐，这么漂亮，昨天到哪里 happy 了？”才入职的一个小姑娘讨好地问秦美娜。

“还不是在星月俱乐部跳舞。这一晚上，太多人请我跳。我又不忍心拒绝，结果脚都快跳断了。”小姑娘这马屁拍得很及时，秦美娜正等着别人问，好趁机炫耀一番。

“啊，那个俱乐部呀！听说好高级，好贵的。”女孩吃惊地张大了嘴。

“唉，也就那么回事。我和俱乐部的老板很熟，所以他给了我一张金卡。当然，一般人是去不了的。”秦美娜斜眼，看见女孩一脸的羡慕，豪爽地说，“下次我带你去，让你开开眼界。”

“真的？太谢谢你了秦姐！”女孩喜出望外。

“没啥，小意思。”秦美娜自得地说。

“你可别指望她带你去！”柳林瞅着秦美娜不在，赶紧对新来的女孩说，“她以前也说过带我去，可到现在都没有去成呢。”

“真的假的？她那天还和我说，她认识好多有钱又帅的富二代，要给我介绍呢。”

“你听她瞎说。她就会吹。以前还和我说，有好多成功人士追求她，每天都会收到一大堆花！天天有人请她去 party，一个晚上要参加好几个。现在还不是打着光棍，也没见哪个有钱的男人来接她。”

“啊，这样呀。”

“嘘，她来了。”柳林赶快结束了话题。

秦美娜迈着她标志的“三扭”步，昂着头，一摇一摆地走了进来。厚厚的妆容，让五官突出得有点吓人。蓬松的大波浪卷发染成黄色，兴奋地在她后背飞舞。白色的紧身裙，感觉稍一用力，便会炸裂一般。虽然同事们都觉得她衣着不得体，但她自我感觉良好，自诩引领时尚潮流，站在时尚的前列，其他同事在她眼里就是乡巴佬一样的存在。

“秦美娜，你能安静地坐下来，把你手头的工作做完吗？”主管黄姐终于忍不住，说了秦美娜一句。

“你什么意思？我没有完成工作吗？我的工作让你帮我做了吗？”秦美娜立马叉着腰，对着黄姐大声质问道。

“你按时做完过吗？”黄姐已经忍耐秦美娜很久了，今天终于不想忍了。

“你血口喷人，我怎么没按时做完？”秦美娜伸着一个手指头，差点点到黄姐的鼻子，吼叫起来。

“你自己做得怎么样自己心里清楚。”黄姐说。

“我不清楚，你今天必须给我说清楚。否则，咱们没完。”秦美娜开始推搡着黄姐。黄姐也不示弱，俩人扭打在一起。

最后，两人都被带到了经理办公室。

“经理，你一定要给我做主。我不能这样平白无故地被人欺负。”秦美娜哭丧着脸，不停地扭动着身子，向经理撒着娇，“你要不给我做主，我明天就请病假。”

秦美娜在公司里从来都是我行我素，容不得别人说一个不字。仗着和经理关系好，有人袒护她，她把自己当娘娘一样供着，稍不如意，就请假休息。

即便回到家，秦美娜依然很自我。在家吃在家住，只交很少的钱给家里。每月的工资基本全花在自己身上。化妆品、衣服、鞋、包包等无一不是名牌，把个不大的房间里塞得满满的。

“姐，你这件粉色的衣服借给我穿穿呗？”小她五岁的妹妹向她借衣服。

“不行！我的衣服这么贵，你穿出去弄坏了怎么办？”秦美娜断然拒绝了。

“借我穿穿嘛。”妹妹撒着娇，拿着衣服就要走。

“还给我。”秦美娜扑上去，死命地把衣服抢了回来。

她妹妹站在原地，握着被姐姐扭痛的手，眼泪在眼眶里打转，一时反应不过来。没想到自己的亲姐姐是这么的吝啬和无情。

她母亲实在看不下去了，说她：“你自己的亲妹妹，你就不能让着她？”

“亲妹妹怎么了？我挣钱也不容易。有本事自己挣钱买，凭什么穿我的？”

“你，你……也太自私了。”她妈妈气得说不出话，“你挣钱不容易，还买了这么些没有用的东西，堆都堆不下了，真是浪费！”

“我自己挣的钱，我喜欢买。再说，我又不是没给你钱，你少管。”

“你交的那点儿钱，吃素都不够。”她妈妈不满地说，“你还是赶快把自己嫁出去吧，我眼不见心不烦。我还不想管呢。”

“你不用看我不顺眼，我明天就找人嫁，再也不回来。”秦美娜说着，用力把她妈妈推出房间，“砰”的一声关上门，倒在床上，号啕大哭。

她妈妈走进厨房，不一会儿，听到屋里有东西砸在地上，响亮的破碎声让她无奈地叹了一口气。

心理医生手记

秦美娜，女，32 岁，有一妹。生长发育正常。诊断为：表演型人格障碍。

表演型人格障碍又称寻求注意型人格障碍或心理幼稚型人格障碍，是以高度情感性和夸张的行为吸引注意为主要特征的一类人格障碍，主要表现为表情丰富、情绪极端、变化多端、喜怒哀乐形于色；易激动、易发脾气、易受暗示；以自我为中心、自我放任、好交际和自我表现；对别人要求多，但对人情感肤浅，不大考虑别人的利益，难以与周围保持长久的社会联系；思维肤浅，高度的幻想性，不习惯于逻辑思维，往往把想象当成现实；言谈举止显得天真幼稚，依赖性特别强；喜欢别人同情和怜悯，渴望得到理解和好评；十分关注自己的外表，打扮得花枝招展；喜欢诱惑人，外表及行为经常带有下意识的挑逗性，但性生活被动，虽有时体验性爱，却往往缺乏性快感。

一般认为这类人中女性较为多见，女性发病率约为男性的两倍。人群中的总患病率为 2.1%~3%。病症较多发生于少年期后阶段，随着年龄的增长，人格逐渐趋向成熟，至中年达到明显缓解。应激的状态下，还可能发生歇斯底里症状。

表演型人格障碍患者的自我表演是病态的。这种表演与职业演员的表演不一样。对演员而言，表演只是职业。舞台之上，他们也许忘了自己是谁，完全融入表演角色。但是舞台之下，他们明白自己和角色的区别，能平静地接纳自己现实的身份，保持常态的自我和一颗平常心。

而人格障碍患者的表演则是随时随地在自我想象中搭建舞台，把虚假的自我展示在别人面前，像是时刻置身于一场盛大的化装舞会，表面是演给别人看，实际是自己演给自己，演出一个强大的自我表象，满足自己的虚荣心。其实，潜意识中的动机是对抗内心的惶恐与不安，掩饰并对抗自我和现实的不完满。所以，表演型人格障碍患者大多如秦美娜那样，日常生活中都像要马上上台唱戏的演员，不但妆容和服饰鲜艳，表情和举止也十分夸张。

"我最喜欢的活动就是舞会，去参加各种 party。这样，我就可以穿着漂亮的衣服，成为全场瞩目的中心。那时，我的心里总有个小精灵告诉我，我是最美的。"秦美娜说，"我就喜欢成为众人关注的中心，如果不能被人关注，被人欣赏，心里就不舒服，特别慌。"

表演型人格障碍患者内心有个强烈的心理渴求——寻求关注。他们极度重视他人的赞同和承认。为了获得关注，不惜以怪异、奇特、夸张的外形在众目睽睽之下招摇过市，以达到目的。所以，人群中她们常常是穿着最醒目的那个。生活中，言谈举止也极尽夸张之能事，矫揉造作，哗众取宠。

有时，为了取得惊人效果，不惜危言耸听，撒谎、编造事实，让人真假莫辨。不但骗了别人，有时连自己都骗到，把幻想的故事情节当作发生过的事实，从而获得心理上的满足。她们的个性极富戏剧性，往往很难用正常方式与之沟通，因为她们对真实有许多歪曲的体验。

"我就觉得我比周围的其他女人都有魅力。所以，很多人都认识我。而且，有很多男人都很喜欢我，向我表白。有些男的虽然不说，但我只要看他们的眼神，就知道了。虽然我现在还没有男朋友，但是我相信一定会有一个出色的男子出现在我生命中，陪伴我一生。"

在表演型人格障碍患者的心中，自己永远是世界的中心。在他们的幻想中，人们总是被他们的魅力倾倒，像蜜蜂恋花一样，围绕在他们的身边。其实，他们是戴着面具舞蹈的演员。在厚厚的面具之下，是他们那颗脆弱、惶恐和不安的心。而他们总是不自觉地用表面的热情、好交际、好吸引人等来平衡这种深深的不安和惧怕。因为他们思维肤浅，不愿意深入思考，因此不会客观深刻地认识自我、评价自我、肯定自我，而总是以别人的目光作为自我评判的标准，下意识地想讨好别人。

他们过于以自我为中心，自私自利，还善于玩弄手段，且花招多样，如任性、强求、说谎欺骗、献殷勤、谄媚，甚至自杀，以威胁他人就范。周围的人会感觉这类人为人肤浅，只是表面热情，完全不顾他人的需要和利益。因此，大多数人不愿意和他们长期来往。他们自以为自己在异性中很有市场，但现实中，爱人们往往受不了他们强烈的表现欲以及肤浅的情感体验，最后总是逃得远远的。此外，此类患者性心理发育不成熟，表现为性冷淡或性过分敏感。女性患者往往喜欢卖弄风情、展示性感，诱惑和勾引他人。关系深入后，却极易破裂，很难形成牢固的亲密关系。

“我受不了有人比我好，更受不了有人说我不好。我控制不了自己的情绪。遇到不顺心的事，必须要大吵大闹发泄出来，否则感觉自己会崩溃。”

表演型人格障碍患者对自己的负性情绪不接纳，比如自卑、愤怒和怨恨。对他人的忠告不接受，受挫能力差，因而内心冲突不断，易激惹。对于轻微的刺激，情绪过于激动，易与人发生纠纷。情感肤浅、易怒、易变，极不稳定。往往由一种情绪状态转变为另外一种情绪，甚至与原来相反的情绪状态。比如，由羡慕、崇拜转到敌对，由顺从转到对抗。患者的思维活动也受情绪很大的影响，如喜欢一个人就会觉得他满身都是优点，但是也可能由于一点小事引起患者的不满，又会把这个人说得一无是处。由于情绪反应快且过分，往往给人一种肤浅、没有真情实感和装腔作势甚至无病呻吟的感觉。

实际上，他们通过歇斯底里的发泄来释放内心的焦虑。但是他们又试图压抑和过度控制他们的愤怒和怨恨，不过，这种压抑达到一个顶峰又会爆发，过后就会产生内疚感和歉意。表演型人格障碍患者可为抑郁症、焦虑症等精神病的病前特征，随年龄增长可能会逐渐改善。

表演型人格障碍患者与自恋型人格障碍患者有相似之处：渴望持久的关注

与赞美；过分自高自大，对自己的才能和外貌等夸大其词；对批评的反应是愤怒、羞愧或感到耻辱；喜欢指使他人，要他人为自己服务；缺乏深刻的情感；对成功、权力、荣誉、美丽或理想爱情有不切实际的幻想；亲密关系困难，等等。但两者也有很大的不同：表演型人格障碍患者通过戏剧性和夸张的行为风格，寻求他人的赞赏和关注，渴望得到外界的肯定。而自恋型人格障碍患者是自以为自己很优秀，不太需要外界的肯定。无论他们能不能吸引他人的关注，他们都有一套自己的说辞来证明自己是重要的、出色的，比大多数人更优秀甚至天赋异禀的。表演型人格障碍患者为了得到关注会做一些妥协或讨好别人的事情，自恋型人格障碍患者则不会。他们表现得更为傲慢，会对别人提出不合理的要求，来满足自己的欲望。表演型人格障碍患者热衷于看医生，喜欢对自己的病情夸大其词，目的是引起医生的注意。而自恋型人格障患者碍不认为自己有病，拒绝治疗。

此外，表演型人格障碍与反社会型人格障碍存在着紧密的关系，两种潜在的人格特质很相似。也就是说，同样的人格特质，男女的表达形式不同。女性更多通常以“表现型”的暴露人格反映出来，而男性更多以“反社会”型的暴力人格来表达。美国的统计研究表明，2/3 的表演型人格障碍患者达到了反社会型人格障碍的标准。

“10 岁时，父母离婚。我们跟着妈妈离开家乡和亲人，到外地生活。妈妈忙着赚钱，没空关心我和妹妹。在学校里，我受同学欺负，没朋友。不知道从什么时候起，自己便很喜欢编出一些根本不存在的富有戏剧性的事，说给别人听，发觉她们好像很感兴趣。后来，我好像也很投入，慢慢喜欢很夸张地笑，而且不分地点和时间地想得到别人的关注。如果得不到别人关注，会觉得很难过、孤单，总觉得没有人能理解自己，几乎每天都高兴不起来，郁闷烦躁，觉得生活没意义。”秦美娜说。

表演型人格障碍患者的人格不成熟。和其他一些人格障碍一样，表演型人格障碍的形成与基因、家庭环境、文化影响都有一定的关系。研究显示，成长在缺乏关爱与期望、性滥交家庭背景的孩子更易发展成表演型人格障碍。可见，家庭因素造成的幼年创伤性体验是人格障碍的关键因素，尤其是在人格发展的关键期。表演型人格障碍患者孩童时期的生长经历大致会出现两种状况：第一种，被忽视。早年缺少爱和关注，甚至是被忽略和被嘲笑的对象，成长过程颇为曲折。认为抚养人和周围的人都不值得信任，只能靠自己。这类孩子便开始充分发挥想象，在白日梦中去寻觅从没获得过的温情和关注。加上长期感到容易受到伤害，不能忍受寂寞，便不停地追求刺激，让生活像演戏一样热闹和喧哗。只有通过这样一种夸张的表现方式，她们才能找到被重视、被陪伴的感觉，过度期望获得关注，秦美娜便属于这类人。

第二种，被溺爱。由于父母娇惯，毫无原则地纵容，让他们在表达情感方面过分夸张，一不满意就大哭大闹。不切实际的称赞、零批评导致孩子沉溺在自己的能力和价值被夸大的虚幻感觉中，不能自拔。另外，如果父母总是期望孩子按照自己的期望做肤浅的表现，比如父母总是要求孩子展示漂亮的容貌、戏剧化的言行等，否则就忽略甚至惩罚孩子，那么孩子就会缺乏自信，感到自我价值都取决于别人的认可，逐渐形成了一整套如何“取悦”他人的行为模式。曾有患者报告：从小，父母对自己的言行要求严格，甚至走路的姿势都必须要潇洒大方。结果，患者感觉自己不是在走路，而是在舞台上表演。渐渐地失去自信心，总害怕自己哪里没有做好，别人会笑话自己，于是害怕碰见同学和老师，总是躲着他们。后来，发展到不断提醒自己走路要小心，不能把脏东西弄到鞋、脚或身上，看到脏东西心里就紧张。如果必须处于脏环境中，就浑身不舒服。出现一些生理上的反应，紧张、恐惧、头晕、肌肉紧绷、颤抖……可见，父母的教养方式对表演型人格障碍的形成有着不可推卸的责任。

表演型人格障碍要到 18 周岁以后，才能在临床上做出人格障碍的诊断。其临床伴随症状有焦虑、抑郁、躯体形式障碍、转换障碍、疑病症、酒精和药物滥用等。这种心理障碍呈现出高自杀率。目前没有可以彻底治愈表演型人格障碍的有效方案，主要的治疗措施也仅仅是针对其临床特点及危险行为进行对症治疗、辅助心理治疗。

第五节 循规蹈矩的机器人
——强迫型人格障碍

世界是个画满线格的棋盘，人们是被编好程序的机器人。只有沿着既定的线路，日复一日、年复一年地重复着同样的动作，才会感到一丝丝的安心。固化的规则是他们安身立命的护身符，完美无瑕则是他们至死不悔的追求。如果可能，最好不要有一丁点儿的改变，更不要有一丝一毫的差池。改变，哪怕是不可避免，也会让人惶恐不安，如临大敌。差池，哪怕是微不足道，也足以让人寝食难安，内疚不已。因为他们总感觉身边有一个严格又苛刻的监工，瞪大了双眼，挥舞着皮鞭，时刻准备惩罚那些犯错的人。于是，在追求规则与完美的道路上，他们耗尽心力、身心俱疲，却无法自拔。

案例回放：不完美不能活

殷宇轩站在窗前，看着眼前姹紫嫣红的万家灯火，没有感到一丝的温暖。此刻，他心里好像结了冰，浑身感到寒冷刺骨。他转过身，拿起刚才扔到沙发上的手机，呆呆地望着。

手机屏幕一片黑，只能隐约地看到他自己的一张脸：帅气，冷峻，如同雕像一般。

十分钟前，他给林雪发了一条短信：我们还可以重新开始吗？现在，手机静默着，没有收到任何回复。他拿起手机，仔细检查了一下，怀疑手机是不是坏了？确认无误后，他再次放下手机，走进卫生间。打开水龙头，一板一眼地洗起手来。所谓的一板一眼，就是严格地按照一套洗手的程序。第一步，打开水龙头；第二步，打香皂；第三步，搓手；第四步，冲水；第五步，关水；第六步，擦干手。每一步都做得认真、仔细，不能有一点儿马虎。比如，搓手的环节就严格按照医生的七步洗手法。这得于他母亲的真传，他母亲是医生。这个过程每次都花费他较多时间。因为这个洗手的程序一启动，就一步也不能少，而且顺序不能颠倒，重复多遍。

等他回到客厅，发现手机上有条未读信息，他迫不及待地点开来看。

信息的内容只有两个字：“不能。”

他快速地点着手机键盘，急切地问道：“为什么？”

“受不了你的怪癖！”那头回复。

“我可以改！”

“你改不了！别再打扰我了。我不会再回复你了。”林雪决绝地回应。

殷宇轩又写道：“你再相信我一次。求你了。”

可惜，屏幕上显示一个小小的红色感叹号——消息被拒收，显然，他被林雪拉入了黑名单。

殷宇轩沮丧地躺在沙发上，他犹豫着要不要直接给林雪打一个电话。但是，他想到林雪分手时冷漠至极的脸，又实在鼓不起勇气拨打那个熟悉的号码。即使打通了又能怎么样呢？虽然自己答应她要改，但是从内心深处，他也明白，这几乎是不可能的。就算是暂时把林雪哄回来，没过多久，还不是同样要面临这样的结局。况且，这也不是他们第一次为他的怪癖闹分手了。从他们确定恋爱关系以来，这始终是他们感情中的一个死结，她打不开，而他也不能自解。

回忆着他们曾经在一起的点点滴滴，他万分不舍，心如刀割，可又不知道该如何挽回。他越爱林雪，就越痛恨自己的那些怪癖。为了林雪，他也尝试过改变。但这些怪癖就像狗皮膏药，已经牢牢地贴在，不，应该是长在他的身上，几乎成了他生命的一部分。想切割，却无能为力。到底自己为什么不能像个正常人那样？他常常问自己，可就是做不到。

为此，殷宇轩和林雪的关系，始终就像一个在笼子里，一个站在笼子外。笼里的殷宇轩下意识地拼命要把林雪拉到笼子里。而笼外的林雪奋力挣扎着，不愿就范。两人始终没有办法更亲近一些。

这个笼子是由殷宇轩的父母、其他人或他自己立下的种种规矩和做人范式编织而成。从小到大，他必须严苛地遵守这些规矩和范式来为人处世。所以，他已经习惯了，定型了。如果走出笼子，违反了这些条条框框，他就焦虑，惶恐不安，如坐针毡。

早上一起来，他就得按照自己既定的生活秩序，按部就班地执行。不能有半分的差池和混乱，否则这一天的情绪都很低落和沮丧。譬如穿衣服，一定要先穿上衣，然后是裤子，最后是鞋。入睡时，则按相反的顺序脱下，折叠好，在床头柜上摆放整齐，不能乱了顺序。

日常生活中，殷宇轩同样对自己要求非常严格、一丝不苟。他总是把东西收拾得干净、整齐。甚至衣柜里衣服的颜色，都要按色彩由浅到深。书柜里的书籍由矮至高摆得平平整整。只要想到，就会一遍又一遍地擦桌子，生怕沾上灰尘。什么东西用了一定要归回原位。上个月，表弟来他家住了一天，他老是担心表弟弄脏了他的东西。等表弟走后，他忍不住反反复复地整理、检查了好几遍，又把桌、椅擦洗几次，才放下心。

就连和林雪的这次分手，起因也是一件很小的事情。那天，林雪借了他一本书，还回来时，他发现书角折了一下，就感觉非常生气，狠狠地训斥了林雪。

林雪既委屈又难过，质问他："你至于这样吗？我又不是故意的。"

"你为什么这么不小心？我都和你说过了要爱惜书，你为什么做不到？"

"我都说了是不小心，你有完没完？"

"你就是不把我的话放在心上。你看你东西乱丢，说了也不听。不洗手就吃东西，也不改。"

林雪气结，说不出话来。她甩头就走，决定分手。因为两人在一起的这半年，为了这些鸡毛蒜皮的小事，常常闹得不可开交。这次，她终于忍无可忍。

两人本是高中同学，工作后，同学会上再次相聚。原以为可以成就一段美好的姻缘，结果仅仅半年，林雪就被殷宇轩这些烦琐且不可触碰的规矩给打败了。尤其不能容忍的是殷宇轩常常自以为是，把自己的意见强加于她。林雪喜欢吃火锅，殷宇轩非说火锅口味太重，辣椒伤胃，不让林雪吃。有天林雪实在馋了，不得已，和同事约着偷偷地去吃了一次，结果殷宇轩不知怎么就知道了，又把林雪教训了一番，直到林雪保证不再去吃才罢休。更过分的是，林雪有次有个很好的升迁机会，但殷宇轩不想她离开他去外地参加一年的培训，便不停地游说，直到她放弃为止。

林雪终于明白，为什么高中的同学说起殷宇轩，都觉得他是个怪人。也难怪殷宇轩和同学少有联系。

因为殷宇轩总是希望别人严格按照他的做事习惯行事，和公司里同事们的关系也很紧张。

有次，殷宇轩问同事小熊："小熊，我要的那份报告做好没？"

"没有。"

"为什么？我昨天就给你了。"

"你那份报告不太急，我要先做完手头这份报告，这个比较急。"

"你怎么可以这样？不是急不急的问题，我先拿给你的，你就该先做。"

"这份做完了马上给你做，行吗？"

"应该先做我的。"

殷宇轩不知变通、咄咄逼人的为人处世风格，让同事们都对他颇有微词。没多久，他就把公司各个部门的人都得罪遍了，所以工作这些年，没有任何同事成为他的朋友。

其实，殷宇轩自己给自己制定了那么多的繁文缛节，给生活和工作带来很多的麻烦。和林雪分手后，他情绪更加糟糕。独处时孤独寂寞，烦恼不已，满腔的苦闷却无人诉说。有时，心里还会突然觉得哪里不对劲儿，好像有什么东西，让他浑身很不舒服。于是，赶快洗澡、洗衣，有时甚至一天洗三四次澡。虽然自己心里有时也觉得这样做没什么必要，可就是不由自主，否则心里就难受。

心理医生手记

殷宇轩，男，28 岁，独子，生长发育正常。诊断为：强迫型人格障碍。

强迫型人格障碍是人格在发展过程中的畸形与偏离状态，是以要求严格和完美为主要特征的一种人格障碍。患者往往过分地专注于事情的条理性，力求完美，过于理智，有很强的精神和人际控制行为。表现出固定持久的适应不良行为，以刻板固执、墨守成规，缺乏应变能力为特点。

强迫型人格障碍具体行为表现为四个方面：1. 心里总笼罩着一种不安全感，常处于莫名其妙的紧张和焦虑状态，如门锁上后还要反复检查，担心门是否锁好；写完信后反复检查邮票是否已贴好，地址是否写对了，等等。2. 思虑过多，对自己做的事总不确定，总觉得没达到要求，害怕别人不满意。3. 行为循规蹈矩，不知变通。习惯于按教条办事，头脑中一直持有“应该如何，必须如何”的僵化理念，处理事情有秩序，规矩很多。4. 兴趣爱好少，对新事物接受慢。对快节奏、突发事件很难适应，常焦虑和不知所措。总之，强迫型人格障碍的特征为刻板、僵死、缺乏生命活力。患者早年（儿童甚至幼儿期）就表现出过度追求完美、过度整洁、过分注意细节、行为刻板、计划性强、观念固执、怕犯错误等性格特点。但是，十八岁以后才能确诊。

强迫型人格障碍是一种较常见的人格障碍，一般从童年、少年开始，是保持终身的一种偏离常态的人格。在人群中的发病率为 1.7%。男性多于女性 2 倍。

生活中，强迫型人格障碍患者给自己定下不少清规戒律，因此他们一般生活单调，没有什么兴趣爱好。如果说有，那就是他们酷爱整洁规整，比如要穿的衣服每天临睡前必须叠放得整整齐齐放在床头，且衣服要叠放在裤子的上面；图书不能有一点折痕；牙刷和牙膏都要摆得朝同一个方向；网络购物之后反复检查地址是否写对……像一个受过严格训练的老兵。他们行为规规矩矩，常思己过，要求自己做到十全十美的高标准。生怕犯错误，时刻处于紧张的状态，无法放松自己。所以，他们常常把太多的精力和时间浪费在小事上，而忽略大事。同时，处事又不知灵活变通，一条道走到黑，十分呆板。他们个性单调偏执，没有幽默感，不喜和他人开玩笑。

工作中，强迫型人格障碍患者同样用严苛的尺度要求自己。他们严格守时，按部就班，注重细节，追求完美，尤其注重工作效率和程序，因此他们一般都痴迷工作，是工作狂。但他们对情感表达和人际交往缺乏感知力，十分不擅长表达。容易把冲突理智化，简单粗暴，缺乏人情味。

强迫型人格障碍患者的个性特征中有严格要求和追求完美的特质，如果症状不是十分严重，其实对生活和工作都是大有裨益的。生活中，他们无论是做家务整理还是制订家庭规划时，都可以做到井井有条，切实有效。在工作中，甚至可以取得比较大的成就。例如，有强迫倾向的银行柜台工作人员自我要求严格和注意细节，对工作很有帮助。据研究，一些成功人士大多具有与强迫性人格障碍类似的特点，责任感特别强烈，热爱秩序、规则、计划、细节和整洁。他们喜欢掌控一切，任何事情都喜欢以“自己的方式”来做，并做到极致。

“我不允许别人犯错，更不允许自己犯错。所有的事情必须按照我的计划和要求进行，如果有一点差错或意外，我就会非常生气和愤怒，整天的心情都会很糟糕、很沮丧。”殷宇轩说。

然而，强迫型人格障碍患者并不能很好地把握这个度，无法把对自己或别人的苛求控制在一个合理的范围内。他们还会随着时间推移，不受控制，变本加厉地在追求完美的道路上越滑越远。令人费解的是，最终他们还是不能做到令自己满意。这样的结果让他们在做事时，往往重复思索，希望所有事都能遵照既定的程序发展，以确保自己对外界及自身的控制。而这种对于控制的执拗，实际是来源于他们内心极度的不安全感。这种不安全感是从小建立起来的，很难消除。而把一切掌控在自己的手中，多少能缓和内心因不确定而带来的不安全感。所以，长此以往，他们养成了强烈的自制心理和自控行为，导致患者不喜欢变化、难以适应新环境的特点。

但是，这种心理和行为的弊端也是显而易见的。他们有时会因过分注重细节、墨守成规，优柔寡断、难以做出决定，反而影响工作效率，使自己陷入紧张、焦虑的氛围。强迫型人格障碍患者不但自己在生活中谨小慎微，严守各种规矩。与此同时，由于他们对秩序、整洁和细节有极高要求，也会对周边的人与环境有很强的控制欲望，要求别人按照自己的方式行事，以致妨碍别人的自由，致使别人也陷入紧张焦虑中，本能地对其敬而远之，在一定程度上影响到人际交往。

由于过于自我克制，又对突如其来的事物难以适应，患者常常陷入紧张不安，不知所措，造成巨大的精神压力，易导致强迫性神经症。可是，不幸的是，大多数患者并没有意识到他们有着不正常的甚至是有害的思维方式和行为，反而经常会因自己造成的问题而责备他人，造成亲人或周边人的困扰和心理障碍。在本案例中，殷宇轩的女友就是无法忍受他带给她的诸多精神压力，才选择一次次地离开，直到彻底分手。

“我不知道自己到底做错了什么，我的女朋友要一次次离开我。我一直对她很好，付出了我全部的真心，虽然也会吵架，但我真的是希望她能变得更好。她为什么就不理解呢？”殷宇轩沮丧地说。

殷宇轩不明白，他的那些条条框框就像一条条粗大的绳索，已经勒得女友喘不过气来。而他自己因为从小到大习惯了，所以早就麻木了，甚至离开了这条绳索便不能生存。他的偏差言行不仅影响到他和女友的关系，也影响着他与每个人的关系。所以，他才是自己的问题的制造者。

强迫型人格障碍与强迫症虽然都有“强迫”两字，两者的表现也有类似的地方，但“强迫”的程度不同，两者有着严格的区分，不能混为一谈。尽管现实生活中，许多人把强迫症当作口头禅挂在嘴边，甚至多少有些强迫观念，例如不自主地反复思考某一问题，重复一些动作，或不断检查门窗等，但其实一部分人只是强迫型人格障碍，还没有严重到强迫症的地步。

大部分的强迫症患者内心常常上演着控制与反控制的各种矛盾戏码，就像脑中有两个观点相反的小人，不停地吵着架，互不相让。这种强迫观念或强迫行为已经给患者带来严重的精神伤害。强迫观念和强迫行为是某种内在焦虑的外在表现，强迫行为暂时能够缓解内心的焦虑，但是不能根除患者的焦虑源，其实对患者没有实质帮助。所以，患者往往为这些荒谬的强迫症状感到痛苦，极力消除却不能做到，严重影响患者的正常生活和工作。可见，患者主观上有强烈要摆脱强迫观念和强迫行为的愿望。

而强迫型人格障碍的思维模式、行为模式是从小到大慢慢养成的。他们已经习以为常，不会为自己的强迫行为而内心痛苦。他们觉得自己只与大多数人行为处事的方式不一样而已，没有什么太大的问题。因为强迫型人格障碍患者的症状具有现实性，对患者的生活或者工作多多少少有一些正面的帮助。因此，他们通常不会意识到自己出了问题，反而认为自己的行为是合理的，对自己的强迫思维和行为一般很少抱怨。只是有时会为人际关系糟糕、过度要求完美而不得、新工作的适应等问题造成的困扰而烦恼和焦虑。

因此，区别二者的一个关键就是看患者社会功能有无受损。即使反复出现强迫观念、强迫行为，只要没严重影响正常的生活，也只可能定义为强迫型人格障碍。如果社会功能严重受损，不能正常生活和工作了，就很可能就是患上了强迫症。

当今社会，三十岁左右的大都市人群如果长期重复性地工作，背负较大的工作压力，而本身又有较强的上进欲望，有完美主义倾向与追求，会逐渐形成恶性循环，从而导致强迫症的发生。一些所谓的“处女座”“洁癖”“工作狂”“A 型人格”之类的人群常常是强迫症的高危人群。据研究，约有 70% 的强迫症患者在病前具有强迫型人格障碍。强迫型人格障碍患者在压力下会表现出类似强迫症的症状，但在压力缓解后这些症状又会基本消失，少数会发展成强迫症。可见，强迫型人格障碍与强迫症有着密切的关系。但是，强迫型人格障碍是一种慢性的、僵化的极端完美主义表现，因此，具有强迫型人格障碍的人不一定都是强迫症患者或发展成为强迫症。而一个强迫症患者也可能在病前并没有强迫型人格障碍。

“我记得自己小时候，常常因为做错了事被父母责罚。一次数学考试，有道题点错了小数点，便被父亲用衣架，打得屁股上全是血印子。从此以后，我做什么事都小心谨慎，生怕出错。”殷宇轩回忆道。

强迫型人格障碍形成的原因，一般认为是由遗传与心理社会因素结合造成的。有研究还表明，强迫型人格与遗传有关系，家庭成员中有患强迫型人格障碍的，其亲属患强迫型人格障碍的概率比普通正常家庭要高。所以，如果父母、爷爷奶奶等抚育孩子的直系亲属本身就是强迫型人格障碍，那么遗传给下一代的概率就很大。

强迫型人格障碍的形成有其人格基础，可追溯到幼年时期。因为人格的形成始于幼年，而家庭则是人格养成的启蒙地。也就是说，强迫型人格障碍的形成与童年生活经历和家庭教育关系密切。比如，强迫型人格障碍的一大典型特点是完美主义倾向，而研究表明，有四种教养方式对儿童早期完美主义的形成起着促进作用：第一，过度指责、过于严格的父母；第二，父母期望与标准极高，相当于间接指责；第三，父母对子女缺乏认同，或者认同不一致；第四，完美主义的父母，从小为孩子做了完美主义态度与行为的示范。

第一类教养方式中，儿童时期父母管教过于严厉，子女必须严格遵守规范。决不准自行其是且批评为主的教育方式，不但剥夺了儿童应有的活泼性和天真烂漫的天性，还会造成孩子做事过分拘谨和过分小心，以致做任何事都思虑甚多，优柔寡断，生怕做错事而遭到父母的惩罚，并慢慢形成经常性紧张、焦虑的情绪反应。如医生家庭中，医生父母可能教育孩子特别讲卫生，爱清洁，日常生活规矩颇多。容易使孩子形成洁癖，有强迫性洗手的行为。此外，作为孩子的养育者，给孩子制定太多的刚性规则，并不择手段地迫使孩子严苛地按照标准去做，也许孩子会因此变得很守规矩。但是，在这个过程中，孩子无法感受到父母温柔的呵护和善意的鼓励，这让孩子逐渐成为一个只会遵守规矩的机器人，而不是一个有着丰富情感和敏锐感知力的人。比如，当孩子摔倒了，很严重，已经流血了，父母还要求孩子自己站起来，不准哭，时刻做一个坚强的孩子。这些缺乏人情味和温情的做法，导致孩子成为一个不会表达自己真实情感的僵硬的人。因此，强迫型人格障碍患者通常没有成就感，对多数亲历事件没有正常的感觉，在情绪以及其他方面都很拘束，缺乏亲密的自我表达，不知道如何建立和谐的人际关系。

第二类教养方式中，父母对孩子的期望与标准过高，孩子为了讨好父母、满足父母的愿望，难免会强自己所难，做自己不喜欢的事或根本就做不到的事。可这样的父母往往是很难被取悦的。于是，孩子就竭力把每件事做到极致，追求完美，希望父母满意。久而久之，成了一种习惯，成了人格中的一部分。如教师家庭中，教师父母可能把孩子做人和做事的标准定得太高，孩子很难达到，挫折感强烈。所以，道德观念强而又灵活性差的人易发此病。

第三类教养方式中，父母不倾听孩子的需求，不能体会孩子的感受，自以为是地决定孩子的一切事务，使孩子的情感需求得不到满足。这样，孩子就会长期处在一个很焦虑的心境之中，无法释怀，导致强迫思维或行为的出现。还有一些观念刻板的家长认为小孩子不能夸，否则他们会忘乎所以。于是，孩子因为都不到父母的认同，便以为自己做得还不够好，自信心不足，必须付出更大的努力来获取父母的欢颜，久而久之，形成了追求完美的性格。此外，在刻板和控制型家庭中长大，家庭亲子关系也会不和谐，不利于孩子身心健康地成长。

第四类教养方式中，具有完美主义人格的父母的错误教育方式也是造就强迫型人格障碍的高危因素。因为，完美主义父母持有严格的是非标准和规则，要求孩子绝对服从，做到最好。否则，将施以极为严厉的惩罚，迫使孩子就范。惩罚包括身体伤害、言语伤害、漠视……总之，打击是全方位的、毁灭性的。这些行为既为子女起到了一个很糟糕的示范作用，也逼迫子女成为追求完美的强迫型人格障碍患者。

强迫型人格障碍患者个性方面本身具有的种种缺陷，如力图保持自身和环境的严格控制，循规蹈矩，固执倔强，脾气急躁，使得患者在面临生活或工作中的刺激和压力时几乎不堪一击。但他们遇到工作失败、生活环境的变迁、感情不顺、家庭危机时，很容易引起强迫症状，难以自我缓解。所以，心理社会因素是强迫症的诱因，但起决定性作用的还是个人心理素质。

症状较轻的强迫型人格障碍在压力消除后，类似强迫症的症状会慢慢缓解或基本消失。少数强迫性人格障碍患者如果受到强烈刺激或持续的精神压力，又没有得到及时的心理干预和治疗，很可能会发展出强迫症。

第六节 没有皮肤的人
——边缘型人格障碍

游走在世界的边缘，有些人心如空洞，仓皇不安。宛如一粒尘埃，每一刻都飘浮在空气中，找不到安稳的归属。世界如此安然，人们如此欢愉，没有人能知道他们的心情如此错综复杂，爱恨交织，欲罢不能。他们奋力地挣扎，想找到心灵永远的家，可尘土漫漫，看不清前行的路途，亦望不见尽头。没有人能告诉他们，哪条是通往家园的路。他们时而激情四射，时而焦躁阴郁。高兴时可以像孩子般天真烂漫，痛苦时便如困兽般绝望哀号。他们在爱恨的黑白两极跳跃，精疲力竭，血肉模糊。他们是一群没有皮肤的人，赤裸着行走于人世间，忍受世界阵阵风雨的无情侵袭，像是旷野中被遗弃的婴儿，在寒风中拼命地挣扎、哭泣，疯狂地挥舞着手臂，试图抓取任何一个从身边飘过的物体。有时，他们浑身上下也透露着既危险又迷人的气息，像一株美丽的罂粟花，让靠近他们的人万般恐惧，却又难以割舍。

案例回放：她是天使亦是魔鬼

"快来人呀！医生，快点救人！"一个帅气的小伙子抱着一个满脸是血的姑娘，吼叫着，狂奔进人民医院的急诊大厅。

医生、护士们闻声涌了出来。一阵忙乱后，女孩躺在急诊室的床上，接受初步的检查和治疗。男孩疲惫地坐在过道的椅子上，双手抱着头，肩膀抽搐着，不知道是在哭还是在发抖。

还好，经过医生的检查，女孩并无大碍，只是额头上划了个大口子，轻微脑震荡。处理好伤口，女孩缓缓醒了过来。她木然地望着诊室的天花板，不回答任何人的问题。

“华晴，你还好吗？”男孩走到床边，急切地问她。女孩把头扭向一边，一行眼泪倏然落下。

“好了，她没什么事了。输完液再观察一下，没事就可以回去了。”医生对男孩说，“你不要和她说话，让她好好休息一下。”

“医生，我女朋友真的没有什么事吗？”男孩不放心，跟着医生走出门，问道。

“你现在知道担心了？早干吗了？怎么弄成这样？”医生用怀疑的眼神盯着男孩问。

“我也没想到。我正开着车，吵了两句。她突然拉开车门，跳了出去，结果头碰到路边的一棵树。”男孩万分委屈地说。

“啊，你女朋友的个性这么烈？不会是你刺激她了吧？”

“我没有。我只是收到一条短信，是客户发来的，说：‘帅哥，在干吗呢？’结果她看到后，就说我和那个客户暧昧。其实，我只和对方见过一次面，连朋友都不是。她不听我解释，说我撒谎骗她。我顶了她几句，她突然歇斯底里，情绪失控，喊着要下车。还没等我车子停稳，她就自己开门跳了下去。”男孩万分委屈，自顾自地叙述着。

“小伙子，还是带你女朋友去心理科看看吧。”医生建议道。

男孩叫姜海，他原本计划在这个阳光明媚的日子，开车带女朋友去郊外踏青、写生，度过一个只属于两人的浪漫周末时光。没承想半路发生了这种事，他懊恼得想去撞墙，但同时心底又不由自主地冒着丝丝寒气，真要是出了人命，可怎么办呀？

睡梦中华晴脸上还有点点泪痕。此刻她显得那么孱弱、那么可怜，像暴风雨过后的一棵小草。这样的华晴，是姜海熟悉的。他不由得回想起初次见到华晴的场景。也是这么个阳光正好的午后，他和几个朋友到公园去游玩。不经意抬头间，看见湖边站着一个漂亮的女孩，飘逸的长发飞舞着。女孩正一只手去归拢头发，一只手拿着画笔，聚精会神地画着眼前的风景。一刹那间，像是被电击了一般，他心怦怦乱跳，不由自主地走到了女孩的背后。

他轻声赞叹道："好美！"这句话看似在夸画，其实是在夸人。

女孩听到声音，回过头看他，突然嫣然一笑。阳光正从她的头顶倾泻下来。女孩笑颜盈盈的样子美得让人目眩。

接下来的故事如一切偶像剧一样，两个人相爱了。华晴是一家公司的插画师，姜海则是一名建筑师。华晴美丽、聪明、浪漫，像一缕春风，让姜海感受到了恋爱的美妙。虽然有时，华晴过于敏感，常为一点小事情绪低落，但深陷爱情旋涡的姜海觉得也无伤大雅，学艺术的女孩不都这么多愁善感的吗？再说"小作还怡情"呢。

交往三个月后，姜海感觉事情没有他想象的那么简单。华晴的情绪变化就像疾风暴雨，说来就来，而且势不可当，后果严重。姜海必须第一时间回复华晴的短信和电话，如有一点怠慢，华晴便会准时上演一出苦情大戏。作为这出戏的导演和唯一的女主角，她有本事让这出戏跌宕起伏，缠绵悱恻，且以悲剧结束。

"你为什么不回我的电话？"某天，等姜海回到家，华晴已经把眼睛哭得红肿，似两颗成熟的水蜜桃。

"我在和客户谈话，怎么回你电话？"

"那你谈完了怎么不回？"

"我不是忙忘了吗？"

"你撒谎，你一定有什么事情瞒着我。"

"别瞎想，没有的事。"

"那你把客户的电话给我，我打过去问问。"

“你别无理取闹！”

“你怕了？你一定是和客户开房去了吧？”

“你别侮辱我，我不是那样的人。”

“你就是。我怎么一开始没有看出你是这么下作的人呢？难怪你前女友不要你了，活该！你不就是看我单纯、好欺负，所以才找上我的吗？”

“你……真是不可理喻！”姜海气得说不出话，转身想离开家。

“你不准走，你敢走，我就割腕。”姜海转头看到华晴拿着水果刀，在左手腕上比画。

“你疯了吗？”姜海扑上去，夺过她手中的刀。转身打开门。

“别离开我，求求你！”华晴从姜海的身后，抱着他的腰，“我爱你，好爱好爱。我是在乎你，所以才害怕失去你。你别走，你走了，我就真的活不下去了。”

“唉，我不走。你到底是怎么了？”姜海心一软，反身抱住她，“你知道我心里只有你。我真的只是在工作，没有做别的。你相信我，行吗？”

“对不起，我想相信你，可是心里总是有个声音告诉我，你不爱我了，要离开我了。你一不在我身边，我就会胡思乱想。我也讨厌这样的自己，我也恨我自己！”华晴嘤嘤地哭着，抬起右手狠狠地打着自己的脸颊。姜海赶忙把她拦下。

“那你怎么才能相信我呢？”

“要不，你每次出去应酬都发个视频给我。”

“这？……”姜海本不想答应，但想到两人曾经的甜蜜和华晴对他的好，他只好勉强答应。

有了姜海的承诺，华晴暂时安生了几天，但好景不长。

有一天，姜海回到家，发现家里一片狼藉。满地是破碎的玻璃碴，衣服也扔了一地。仔细一看，地上全都是他的衣服，被剪得乱七八糟，全是破洞。

“你有病吧，发什么疯？”姜海气得对着华晴怒目圆睁，吼道。

“你这个伪君子，你还回来干吗？怎么不去和你姘头开房呀？哦，是开过了吧。”

“你混蛋。我不是给你发了视频了吗？我只是和几个客户在KTV里唱歌。”

“别以为我不知道。视频里那个狐狸精挨着你那么近，脸都要贴在你脸上了。你们想干吗呀？”

“你胡说，没有的事。”

“有视频为证，你看看。想抵赖，没那么容易。”

“我懒得理你。”姜海说着，就往外走。

“你站住！不准走！你今天如果走出这个家门，就不要再回来。我要和你分手！”

“分手就分手！”

姜海头也不回地走了。这样的戏码上演得太多了，他已经厌倦当一个忠实的观众和善后者。他只想快点逃离这个女人，这个无时无刻都有可能爆炸的女人。

姜海闷着头，一个人在大排档里喝着酒，为了防止华晴骚扰他，他把电话设成了静音。不到半个小时的工夫，他发现他的手机上有一百多个未接电话，都是华晴打来的。他烦躁得正想关机，华晴突然要求和他视频通话，他想都没有想，点了拒绝键，并随手关了机。

吃饱了，喝足了，他的气也消了，想起华晴不发脾气时是多么的可爱和柔美，于是给华晴打了一包她爱吃的小笼包，准备回去好好哄哄她。

可是，一走进房间，他就觉得气氛有些诡异。跑到卧室一看，华晴穿着睡衣，躺在中央，手里还拿着水果刀。被割过的手腕上，血液已经凝固。

姜海赶紧拿出家里的急救包，给华晴包扎伤口。幸好伤口不深，只是破了一点表皮。不一会儿，华晴睁开眼，看到姜海，抱着他，哭道：“求求你，别离开我，别抛弃我。我好害怕！我以为你不要我了。”

“怎么会？你真是太傻了。为我不值得。”

“值得，我觉得值得就值得。以后我一定听你的，我一定会改的，你相信我。”

“可是，你能不能以后不要再伤害你自己了？我会很心痛。”

“你真的会心痛吗？”

“真的。因为我爱你！”

“你真的爱我吗？”

“真的。”

“你发誓！”

“我发誓，今生今世都只爱华晴一个人。”

“谢谢你，我今生今世也只爱你一个人。”

“以后你一定得相信我，别再干傻事了。答应我，好吗？”

“好。”

这个承诺就像天上的一片云，风一吹，就消失得无影无踪。分分合合的场景一再地呈现。每次，姜海决定要离开时，华晴就像变了一个人，苦苦地哀求他留下。姜海受不了华晴的眼泪，也可怜华晴坎坷的身世。如果连自己都不理她了，她该有多可怜呀！就这样，他每天过着提心吊胆的日子，尽量不出去应酬，不让华晴起疑心。

但是，他最终还是失败了。他感到从没有过的无助和迷茫。刚才医生的话就像一根救命的稻草，也许是该带华晴去心理科看看了。

心理医生手记

华晴，女，26 岁，独子，生长发育正常。诊断为：边缘型人格障碍。

边缘型人格障碍（BPD）是一种较严重的人格障碍，介于神经症和精神病之间的临界状态。主要以情绪、人际关系、自我形象、行为的不稳定并伴随多种冲动行为、持久的空虚、孤独感及一些短暂的精神症状为特征。

边缘型人格障碍的典型特征被描述为“稳定的不稳定”，即人格的不稳定状态是常态，包括不稳定的人际关系，不稳定的情绪，不稳定的自我意象和明显的冲动性。具体表现为：1. 情感方面易激惹、易抑郁、焦虑，冲动，只有短暂的欣快感，常感觉空虚厌倦，遇外界刺激可有短暂的精神失常。2. 行为方面轻易放纵自己，有挥霍、赌博、吸毒、偷盗、贪食等不良行为；履行普通的社会责任时，表现出极端的变化无常。社会生活反复受挫，但不会吸取教训，常自暴自弃，有自伤和自杀行为。3. 人际关系方面易走极端，过分理想化或过分贬低自己；为满足个人私欲，不顾及他人。4. 有身份和目标障碍，在自我意识、自我价值感、职业选择、择友等方面明显缺乏确定的判断。其中，反复无常的心境和不稳定的行为是主要特征。BPD 的病征在成年早期即已显露，但随年龄增长趋于稳定。据观察，女性患病率似乎高于男性。

“我无法控制我自己的情绪，凡事喜欢往坏处想。只要一想到可怕的结果，我就感觉自己要爆炸了，便不管不顾，随心所欲。”华晴说。

边缘型人格障碍患者常常难以控制自己的情绪，像一个随时都会喷发的活火山。她们的情绪反应敏感度高，强度大，微小的情感刺激都能引起她们海啸般的反应，且后果严重。但她们的情绪反应持续时间较短，变化快。易感到强烈的喜悦，也特别容易感到烦躁不安或心理和情绪上的困扰。一会儿愤怒暴躁，一会儿又开心得不得了。这个过程的转变不是一天或几天，而是一时一会儿的，一刻一阵的，就像个善变的小孩。因为情绪的感受深，所以患者在强烈的情感经验之后，会需要很长的时间恢复到平稳的情绪状态。

除了激烈的情绪，患者还会经历情感的不稳和易变性，尤其在亲密关系中。她们存在“视角逆转”的问题，可以不断更换相反的视角来看待他人。他们上一刻会把一个人当偶像一样崇拜，觉得他完美无缺，很爱很爱他。下一刻，一旦感觉自己被冷落、被欺骗，又会把对方贬损得一钱不值、一无是处，仇人一般。因此，不稳定的、快速变化的心境状态是边缘型人格障碍的一个显著特点。情绪波动的根源来自他们深入骨髓的空虚和不安全感。当他们因为被抛弃而感到生气、委屈、惊恐和愤怒时，他们会被这些压迫性情绪所淹没，从而失去自我控制，易怒，不择手段。因为他们没有学会应对情感变化的方式，所以处理或逃离强烈负面情绪时，多采用自我伤害、伤害他人或自杀等极端行为，让人猝不及防。

“我不知道自己是谁、为什么要活在这个薄情的人世间。我是如此卑微，没有人在乎我的喜怒哀乐。”

边缘型人格障碍患者常常发生自我身份的识别障碍，即自我身份认同紊乱。他们经常对自己是“谁”很不确定。由于早期混乱的、缺乏关爱和教导的经历，他们基本上对“我是个什么样的人”缺乏思考，因此没有建立起完整的自我同一性，即对自己是一个什么样的人没有一个坚定的概念。所以他们的自我印象或者自我意识经常变换，缺乏自我目标和自我价值感，导致低自尊，没有存在感。心情愉悦时会觉得自己是一个好人，心情沮丧时又觉得自己是一个坏人。他们有时觉得自己是有价值的，心高气傲，有时又觉得自己是没有价值的，一无是处。在身份认同上常常飘忽不定，一日三变。于是，他们总在极度的自恋与自卑中间来回摇摆，这让他们焦虑、痛苦万分。不管是处在哪一极，都伴随着强烈的自我怀疑。因为，在患者的内心存在着一个“非黑即白”的、分裂的心理结构与认知模式，即在他们的世界里，永无灰色地带，只有绝对的好与坏、对与错、是与非，所以无法进行客观的评估。导致他们对世界、对他人以及周围一切的看法也是如此，从黑到白，从恨到爱，两极跳跃，十分不确定。这种不稳定的自我印象也影响了他们人生的方方面面。患者对生活、对人生、对自己的态度轻易地转变，会频繁地更换学习方向、工作、朋友、目标、价值观和性别意识。据调查，很多性瘾患者都是边缘型人格障碍患者。

“我身边的人最终都会离开我，没有一个人真正爱我。做出那么些过激的行为，也是因为我很爱他，害怕他离开我。我也很讨厌自己这个样子，可是

143

就是没有办法改变。”

强烈的不安全感导致边缘型人格障碍患者的人际关系模式极不稳定。其实，患者在人际交往的最初阶段还是很容易与人建立起良好的关系的。因为他们有与生俱来的对他人情绪的细微体察和敏锐的能力，以及一些人格魅力，比如聪敏、奔放不羁、直率、浪漫、有才华……这能够使他们冲破一些陈腐的束缚，迅速吸引他人。但问题是在维系一段关系时，他们便会逐渐暴露人格上的缺陷，让人难以忍受，无法与之相处。关系极易破裂，不能持久。

不安全感还让他们的亲密关系处在一个矛盾焦虑中——渴望亲密又恐惧亲密，一旦感觉关系太亲近就会下意识地选择逃离。这与他们从小没有拥有过稳定的亲密关系，严重缺失被爱的体验和他人的关怀有关。他们常被形容为“手拿脐带走进生活，时刻在找地方接上去”的一类人，对抛弃、分离异常敏感。非常害怕孤独和被人抛弃，却又没有维持亲密关系的能力。不免时时恐惧太过亲密后最终要面临“被抛弃”的命运。尽管很多时候“被抛弃”只是来自他们的想象，但也足够令他们胆寒。所以，“被抛弃感”是边缘型人格障碍患者永远挥之不去的梦魇。即便是足够幸运，他们找到了一个安全型的伴侣，建立起一段稳定的关系，而且这段关系也在一定程度上给予患者安全感上的安抚和修复，但一旦有意外事件的侵入或干扰，患者的不安全感会被迅速唤起，他们会重新变为旷野中狂乱的赤裸婴儿，没着没落。

因为在这样矛盾的心态中，患者对别人对待他们的方式很敏感，当受到善意对待时会感到强烈的喜悦和感激，极度依赖和崇拜别人。受到伤害时会产生强烈的哀伤或愤怒，极力贬低对方，表现出虚弱或无助、自虐、自杀等行为，意在引起对方关注并获得关爱。但一切行为的背后都只是在寻求一个关系的确定性，或者说这份爱的真实性。在亲密关系中，他们不断陷入“理想化—失望—贬低对方”的死循环中，疯狂地做出许多不可思议的事，其实只是为了不被忽略，不被抛弃。总而言之，他们从小没有培养真正的自信，无法以健康的方式依恋他人，致使他们在与人交往时，难以获得真正亲密而深厚的情感。

边缘型人格障患者渴望获得良好的人际关系，所以会花很多时间和精力去维持一段关系。这种疯狂背后的真实动机是避免真实或想象中的被抛弃。患者想要很多很多的爱，而且必须是真实和诚恳的爱，没有一点杂质。而现实中这又是很难做到的，所以往往导致其心理状态和情绪状态不稳定，极大地影响了学习、生活、工作。再加上患者的社会支持系统缺乏，当遇到困难时，无人可以伸出援手，于是消极情绪难以及时排解，不免做出种种伤人伤己的冲动行为。他们大都天资聪慧，在“正常”的时候，他们会表现得比常人更加阳光有活力、善良亲切，并有可能在自己擅长的工作领域做得很好。但过多的心力消耗在无谓的心理冲突中，使患者在现实生活中取得的成就往往低于其实际能力。

“一直以来，我总是有一种空虚感，感到自己的存在是不真实的，自己与世界好像没有任何联系。”华晴说。

边缘型人格障碍患者的心境常常被一种慢性持久的空虚感和厌倦感笼罩着。因为情绪、人际关系、自我形象、行为等种种的不稳定，他们惶惶不可终日、悲观厌世，找不到生活的意义，常产生无助感、无望感和无价值感。为了解除内心的空虚，有时患者会不断地找事干，但有始无终，虎头蛇尾，一事无成。这种空虚的感觉在心里生了根，不以时间为转移，不以所在的环境为转移。有时，患者表面上会显得异常活跃，但内心深埋的孤独挥之不去。患者缺乏自我安慰能力，很难靠自己的力量解脱出来，于是常常借助各种刺激性行为和物质，如酗酒、手淫、滥交、饮酒、挥霍、偷窃、药物滥用、吸毒等来排遣空虚孤独感。情感爆发时，还可能出现暴力攻击、自虐、自伤、自杀行为。大多数患者在冲动行为过后，会感到非常后悔，但屡教不改。

如今，边缘型人格障碍的发生率越来越高了。引起这种情况发生的原因有很多，如遗传的因素、脑病理学方面的因素、生化因素以及心理社会的因素等。遗传研究发现，边缘型人格障碍父母乃至祖父母或更上层的家族成员往往存在更多、更严重的人格障碍。而心理创伤一代代传承，一代代累加，对后代人格的塑造影响巨大。

脑病理学方面，边缘型人格障碍患者神经影像学研究结果显示：（脑）结构功能不良。MRI 研究发现，边缘型人格障碍患者海马体和杏仁核容积减低，或者仅杏仁核容积减低。有专家认为，早期严重的应激和虐待产生的灾难性事件有改变大脑发育的可能性，增加了 BPD 等疾病发生的风险。因为反复的性虐待等创伤性经历可以通过生物学机制（去甲肾上腺素）导致内平衡的改变，在易感体质的基础上，逐渐引发了 BPD 临床上的各种症状。

“我四岁时，父母离异。母亲外出打工，把我寄养在舅舅家，很少回来。即使回来，也待不了几天。话都还没有说上两句，就又不见了。舅妈脾气暴躁，拿我当出气筒，动不动就骂我打我。”华晴回忆道。

心理社会因素对人的影响有一个不争的事实：很多患有边缘型人格障碍的人都有一个童年被虐待、被忽略、强行离开照料者或者爱护自己的亲人的经历，甚至受到过性或身体虐待。很多患者经历过与双亲至少一方的创伤性分离。在这些不利环境中长大的孩子缺乏关爱，不懂如何与人和谐地相处，也不知道如何正确适度地表达自己的情感，更没有学会如何经营一段亲密关系。抑或他们受情绪极不稳定的父母或照顾者的影响，情绪和情感的发育都不健全。他们缺乏正确的教导，评估好坏、是非的内在价值系统不完善，对世界的看法太片面偏激，无法将好与坏两极融合，无法形成对世界统一和综合的观念，导致人格的不稳定。

表现在日常的人际关系中，患者对他人既依赖又充满敌意，内心充满了矛盾冲突。当其需求得到满足时，便把对方理想化，认为照顾者或朋友极好，很快和对方建立亲密关系，相当依赖周围的人；但当其依赖无法满足时，则表现强烈的对立情绪，认为照顾者或朋友极坏，常采用贬低、攻击或挖苦对方的方法，发泄心中的负面情绪。因此，他们无法与他人维持深度而亲密的人际关系。总而言之，边缘型人格障碍是一种十分严重的心理障碍，也可以说是一种最难治疗的心理障碍。正如大多数的精神障碍，没有单一的因素可以解释它的成因，生物的、心理的、社会的因素共同参与了其形成过程。

边缘型人格障碍虽然具有其他人格障碍的某些特征，而又不同于这些人格障碍。与表演型人格障碍患者相比，他们更愤怒，更冲动，对身份认识更加混乱，并且具有持久的空虚感、孤独感。遇到应激事件时，会有短暂的精神病发作。与反社会型人格障碍相比，他们有更多的思维过程障碍，而且攻击性除了对他人，大多转向自身。反社会型人格障碍只会对他人和外界有攻击性。与依赖型人格障碍相比，他们对他人的依赖是矛盾的，渴望亲密却又害怕亲密。而依赖型人格障碍一味地依赖他人，不害怕亲密。其余的几种人格障碍，比如强迫型人格障碍、偏执型人格障碍等，通常只是对自己有很大的攻击性。边缘型人格障碍却有一定特殊性，介于二者之间，他们仅仅对自己和自己所爱的人才会有攻击性。如果只是一般的社交关系，他们往往都会对你非常礼貌周到，大方得体。有些人甚至还很幽默，并且工作上也很不错，才华横溢。不深入交往，是不能感受到他们人格上的缺陷的。边缘型人格障碍情绪不稳定的特征有点像双相情感障碍。但两者不同的是：双相情感障碍抑郁和躁狂更替周期较长，而边缘型人格的人情绪转变得太快，几分钟内跌宕起伏，就像龙卷风刮过，破坏力较强。

边缘型人格障碍治疗难度很大，目前还没有十分有效的方法。由于早期稳定安全人际关系的严重缺失，患者对关系有着异于常人的高要求，对医生充满了不信任感，表现为治疗上的不依从。尤其在心理治疗时，边缘型人格障碍患者一直被冠以“咨询师‘杀手’”的污名。他们会不断用各种方式敲打、试探咨访关系。前一分钟心理医生可能被其体验为是充满关爱、仁慈的人，后一分钟就被其想象成了迫害性的、自私冷酷的人。患者的不信任、阻抗、不合作、违反治疗计划，都会让接诊的医生对其沮丧失望，视其为拒绝帮助。所以，患者病情常有反复，需要长时间的努力和支持才可能慢慢好起来。

与边缘型人格障碍共病率最高的为抑郁，其次为偏执型、回避型、自恋型人格障碍。共病现象使边缘型人格障碍的诊断困难，患者被贴上各种各样的标签，在诊断中不停试错，在各大医院辗转，身体、精神、经济、家庭各方面都承受着相当大的压力。边缘型人格障碍确实是一种慢性持久且复杂的症状，但不代表无法康复。新的证据表明，一部分患有边缘型人格障碍的人在被给予充足的时间与合理治疗的条件下，是可以具备足够的社会适应能力，过上幸福、平静的生活的。

心理学家解析

心理动力学家把人格障碍称作性格障碍，认为人格障碍症状的产生源于早期亲子关系的失调，尤其是边缘型人格障碍和自恋型人格障碍的患者。他们在婴儿时期与母亲或其主要的照料者之间没有形成健康的情感关系，即安全型的依恋。这种情形下长大的孩子，自我很弱小或缺乏自我。因为那个时期正是儿童学会与母亲分离，并把自己当作一个独立的个体——人来看待的关键期。错过了自我发展的关键期，儿童就很难对自我有个很明确的定义。

所以，在心理动力学家看来，所有的心理障碍的根源都在于自我被削弱，从而导致机能适应不良。由于自我力量的不足，所有的性格障碍中，属于自我范畴的正常“应对”行为就丧失，不起作用，最终被变化无常的、歪曲的或异常的行为替代。如分裂样人格障碍患者言谈举止乖张；依赖型人格障碍患者放弃了自我决定，依从别人的意志。应对行为的失灵导致患者的认知功能，如知觉、记忆、言语、思维和学习出现异常和不协调。强迫型人格障碍患者就是把自我的所有能量都放在了知觉上，偏执地追求一些无关紧要的细节，或对周围的环境和人过分敏感，疲于应付。而关于自恋型人格障碍的形成，心理动力学家认为，个体在儿童期未能形成现实的、积极的自我概念和处理压力和痛苦的适应性策略，因此他们只能依赖他人的赞扬和控制来维持自尊，所以提出一个名词“自我意象”来解释自恋型人格障碍的症状。

自我意象是孩子在成长过程中感受到父母的态度和父母对自己的态度而形成的。举个例子，如果当孩子做了很风光的事情时才会得到父母的积极的关注和奖励，孩子长大后就会非常渴望受到他人的关注。于是，出人头地、获得成功成了孩子人生唯一追求的目标。不幸的是，孩子渴望关注的需求在严苛的父母那里常常得不到满足。这种被父母漠视的心理伤害伴随孩子的成长，从未被治愈。所以，一些自恋型人格障碍患者认为自己独一无二和与众不同，就是源自情感需要未满足或被生活中重要的人拒绝后的防御反应。这也算是绝望之下的一种无奈选择——自我满足。

许多行为主义学家反对使用“人格障碍”这个概念，因为它暗含着人格特质是固定不变的这层含义。而按照行为主义理论的一贯看法，任何若干类行为都是学习者对环境刺激所做出的反应，是可变的。他们把环境看成刺激，把随之而来的有机体行为看作反应，认为所有行为都是习得并得到强化的结果。如边缘型人格障碍患者的父母的教养方式缺少温暖和理解，更多的是拒绝、否认和漠视。父母在孩子小的时候没有很细致地体察他们细小的情绪变化，只有当他们表现出激烈的情绪反应时才会给予关注和重视。因而孩子在家里没有习得正确表达情绪的技能或习得了不正确的表达情绪的技能。孩子长大后，就会经常出现持续的不可控的情绪混乱。

此外，强化和模仿在人格障碍形成过程中也发挥了作用，如依赖型人格障碍患者，可能小时候的每一次决断都被否定，甚至因此受到惩罚，从而成长为一个没有主见的人；表演型人格障碍患者则可能是由于父母对孩子发脾气的纵容或其夸张情感表达的关注；强迫型人格障碍患者可能是对完美主义父母行为的模仿或由于一直因为整洁、遵守规则和追求完美的行为而受到父母的奖励。

第五章 05

精神分裂症

相对于形骸而言，人无精神不立，可见精神之于一个人的重要性，它是人的灵魂和元气。心理学上的含义则指人的意识、思维活动和一般心理状态。简单地理解，即为个体日常生活中表现出来的活力。精神正常意味着一个人在生活和学习中可以正常思考、行动和表达情绪情感，展现出一个人该有的精神面貌。反之则不然。当一个人生活越来越懒散，整日独自呆坐，似在思考问题，而话题却离奇、语句单调、对人冷淡、疏远亲人、喜怒无常、行为怪诞，则是失去了灵魂，没了元气。不由得让人疑惑此人是否精神出现了问题。

精神分裂症即为一组病因未明的精神病。患者具有感知、思维、情感、行为等多方面的障碍和精神活动的不协调。患者智能尚好，有的患者在发病过程中可能出现认知功能损害。自然病程多迁延，呈反复加重或恶化，但部分病人可保持痊愈或基本痊愈状态。精神分裂症可分为六种类型：单纯型、青春型、紧张型、偏执型（妄想型）、未分化型和残留型。常缓慢起病，多起病于青壮年。当疾病发作时，患者的工作、学习、生活、社会交往等均适应不良，其情感、思维、意志行为互相不协调，表现大大异于常人，即精神活动有分裂现象。民间一般称之为“神经病”或“精神病”，甚至更直接地唤之为“疯子”。当然，这些称呼既不准确，也不够尊重。

第一节 青春在风中凌乱
——青春型精神分裂症

这是一个狂乱的世界，思绪像急风中的风筝，被撕裂得支离破碎，无助地在高空中飘散，再也无法收回。于是，人们开始分不清现实和幻想，不清楚自己是谁，也忘记了那些熟悉他们和被他们熟悉的人们。他们陷落在自己的世界，找不到出口。那个世界失去了时间和次序。每个人孤零零、漫无目的、随心所欲、飘飘荡荡。不知何时，世间的万事万物也成了魔鬼的爪牙，张着血盆大口，伺机而动。挣扎、不停地挣扎，人们不甘心就这样被魔鬼拖入万丈深渊。他们想要完全的自由，想像风一样，掠过无边的草原。他们想要找到心的归属，找到一个无忧无虑的极乐世界。突然，他们仿佛听到有人在急切地呼唤：来吧，快到这里来……

案例回放：死守虚幻爱情的男孩

晚上十一点刚过，已经上床的李志豪突然听到有人在叫他的名字，还骂骂咧咧地说着他的坏话。说什么，“不要当缩头乌龟，有种就出来把话说清楚”；“就你这样的人，有什么资格谈恋爱”……还有些话他听不太清。不过，最后一句他听清楚了，是叫他出去。李志豪本不想理会，但声音越来越大，他也越听越气，越听越冒火，便开口和这个声音争辩着。那个声音又说，“躲什么躲？有本事就出来打一架。怎么，害怕了？我看你就是软蛋，那你等着，我到你家去找你”……李志豪受不了这种刺激，当即“腾”地从床上跳起来。

衣服也来不及穿，顺手抓了自家的扫帚冲出门去。

听到“咚”的一声刺耳的关门声，李志豪的母亲赶紧推醒自己的老公，对他说：“快起来，志豪又跑出去了。”说完，她快速穿好衣服，追下楼去。

这已经是一个星期内李志豪第三次在半夜时分跑出家门了。他的母亲知道他一定又跑到小区大门外的道路上。果不其然，出了小区大门，她看到志豪正挥舞着手中的扫把，时而在头顶上画着圈，时而左挡右打，嘴里还高声叫骂着，情绪激愤。

她跑到他跟前，想把他拉到路边。但是，李志豪挣扎着，拉了几次都被他给挣脱了。还好，李志豪的父亲及时赶到，两人合力把儿子按住，往家里拽。终于进了家门，父母刚松开手，李志豪又要往外跑，被父亲一把按在沙发上，给了他一记耳光。

“你半夜三更往外跑什么？”李志豪的父亲吼道。

“他们在外边骂我，还要打我。”

“谁在骂你，我们怎么没有听见？”

“现在没有了，刚才骂得好凶。还说要去打勤勤，我得去帮她。”

“人家勤勤在家好好的。谁会打她？”

“她爸爸和她妈妈，我都听到她的哭声了。”

“你瞎说，她父母不会打她的。你快点睡，睡着了，就听不到这些乱七八糟的声音了。”

李志豪的父亲怕他再次跑出去，只好和衣躺在沙发上，准备将就一夜。

李志豪到底怎么了？这成了悬在李志豪父母心头上的一个巨大的问号。自己的儿子虽然平日里少言寡语，不够开朗，性格内向，但是从小到大也没让父母操心。现在初三了，成绩中上，学习和生活中一直中规中矩，没什么异常。直到上星期五，他放学回到家时，情绪似乎不太对。他父母也没太在意，因为这个孩子一直是这样木着一张脸，很少有笑容。可是，晚上十点左右，从儿子的房间里传出激烈的吵架声。他母亲急忙走进他房间一看，只见李志豪一个人面对窗户，冲窗外高声叫骂着。

“你在干吗？”她问。

“你才可恶，你才有病……”李志豪并不理睬她，继续骂着。

“别说了。”母亲关上窗户，拉上窗帘，“你到底在骂谁？谁得罪你了？”

“他们，有一些人在窗外，在楼下骂我。”李志豪含混地说。

“他们是谁？”

“勤勤的父母，还有一些人。”

“勤勤是谁？他们为什么骂你？”

“我同学。他们不想我们在一起。他们就跑到我们小区来骂我。”

“我怎么没听见？窗外谁也没有，你胡说些什么？”李志豪的父亲大吼一声，走了进来。

“是不是学习太累了。如果累了，就早点睡吧。”他母亲有些担忧，轻声劝道。

第二天，李志豪准时起来，默默地吃过早饭后，就去上学了。他看上去似乎没有什么异常，对昨天的事也一字不提。他的父母暗暗地交换了一下眼色，也不知道该说些什么。

后来，李志豪平静了两天，他的父母松了口气，觉得没什么大事，不过是虚惊一场。可是，紧接着就发生了他半夜莫名其妙冲出家门的事件。而且据老师反映，他白天上课时两眼发直，嘴里喃喃自语，似乎在与什么人争辩着什么。学校不得不建议他的父母让李志豪在家休养一段时间再回去上课。

陆陆续续地，从李志豪的班主任和同学口中，他的父母终于知道儿子变成现在这个样子的一些原因。李志豪不知道什么时候喜欢上了他的同学王勤勤。于是，写了一封热情洋溢的情书，向王勤勤告白。但不幸的是，王勤勤把情书交给了老师。老师找李志豪谈话，警告他要把心思用在学习上，不要骚扰女同学，否则后果严重。听了老师的话，李志豪当时并没有什么特别的表示，只是情绪很沮丧，低着头回到教室。哪知几天后，便出现了这种种异常。

这天晚上十二点刚过，李志豪又一次提着一根木棍，要冲出房门，被他的父母死死地拦住。

“放开我，放开我，我要和你们拼了！”李志豪吼叫着。

“你魔怔了？你要和谁拼了？”他的父亲问他。

“我要和王勤勤的父母拼了。他们在打勤勤，不让她和我来往。我听到勤勤在叫我，你们别拦着我。”

“你别胡说了。我今天看着王勤勤了，她好着呢。”他的母亲说，“再说，人家王勤勤也没答应和你好。”

“她心里是想要答应的。但是，她父母不同意。他们骂她，还打了她，我听到勤勤在哭。”

“这都是你胡思乱想的，没有那么回事。”

“你骗我。我知道你们都骗我，和勤勤的父母合伙骗我，想拆散我和勤勤。告诉你们，我和勤勤是真心相爱的，你们管不着。”

烦躁的李志豪开始自打耳光、咒骂父母、摔书、扔凳子。最后，还用棍子将家中玻璃窗打碎。他嘴里不停地叫嚷着，前言不对后语，还莫名其妙地痴笑，闹了好长时间，才安静下来。

眼看儿子这种状况已经持续快一个星期了，不但没有任何好转的迹象，反而有恶化的趋势。夫妻俩商量了一下，决定明天无论如何得带儿子去专科医院看看。

心理医生手记

李志豪，男，15 岁，独子，成长发育良好。诊断为：青春型精神分裂症。

青春型精神分裂症也叫瓦解型精神分裂症，以显著的思维、情感及行为障碍为主要表现。其思维散漫、思维破裂，情感、行为反应幼稚，可能伴有片段的幻觉、妄想；部分患者可能表现为本能活动亢进，如食欲、性欲增强等。具体来说，青春型精神分裂症一般表现为性情孤僻、情绪不稳，喜欢幻想、追究无意义的问题；情感障碍，对人对事冷漠，无感。但情绪波动大，不时大哭、大笑或无故大发雷霆；言语思维障碍逐渐明显，胡言乱语，词不达意，语词新作（自己造词），喜欢发表空洞的议论；幻觉丰富，以幻听、幻视居多；行动幼稚、愚蠢等。该型患者在青少年时期发病，首次发病年龄低，起病或急或缓，病程发展较快，短期内会达到严重程度，社会功能受损明显。

“我听到楼下有人在叫我，还说要到我家里来找我，所以我就跑下去，拦住他们。”李志豪很平静地说，似乎自己所说的这些确实发生过，绝无虚言，“我看到他们打勤勤了，勤勤叫我去救她。”

提到精神分裂症，人们难免会想到“疯子”一词。脑海里立刻就会闪现一副披头散发、目光呆滞、胡言乱语的邋遢模样，但青春型精神分裂症的患者却不然。发病初期，他们通常与人们脑海里所固有的“疯子”形象相去甚远，他们看上去似乎很正常，衣着较为整洁，情绪很稳定，说话也较有条理，一副很笃定的样子，对自己身上所发生的事情深信不疑，并对别人的质疑十分抗拒。但不可否认的是，患者确实有着正常人所没有的明显异常——妄想，还有一部分病人同时伴有幻觉。

本案例中的李志豪就有妄想和幻觉两个很典型的症状，不论家人或医生怎样解释和劝说，都无济于事。他的妄想基本属于妄想中最常见的关系妄想和被害妄想。关系妄想是患者坚信周围环境中一些与他不相关的现象均与他有关，并把一些无关自己的事和人同自己联系起来。如有人谈话认为是在议论自己；有人大笑认为是在嘲讽自己。

案例中，同学王勤勤并没有对他有任何喜爱的表示，但是患者认为同学和自己心意相通，固执地觉得自己被别人爱上。而没有得到对方明确表白的原因，则解释为是其父母和老师的高压所致，进而产生了第二种妄想——被害妄想。被害妄想是患者由于缺乏安全感，导致对外界的极度不信任而产生的一种幻想。被害妄想的患者会无中生有地坚信某人（或某群体）对自己、自己的亲人、家庭，进行监视、攻击或迫害。这些迫害活动包括阴谋、跟踪、袭击、在食物中投毒等。

案例中的李志豪就总觉得有人在骂他，有人要打他，尤其是女孩的父母。所以，他极力反抗，先下手为强。同时，患者还有幻觉的症状。幻觉中以幻听、幻视最多见，病人听到的常常是令他不愉快的谈话内容，看到的常常是令他恐怖的景象。李志豪就总是听到有人在骂他，看到了一些根本不曾发生的场景。其实这是患者精神高度紧张，大脑出现了问题，自己臆想出来的。尽管周围的人一再向他证明他所妄想的情形都不曾发生，但他执迷不悟，深陷其中。所以，精神分裂症与神经症的最大的区别就是自知力，即神经症患者知道自己有病，愿意配合治疗。精神分裂症患者否认自己有病，不配合治疗。

对青春型精神分裂症而言，一个很重要的课题就是如何尽早地甄别出来，使患者及时得到持续而有效的干预和治疗。青春型精神分裂症属于重型的精神疾病，它的表现形式是多种多样的，有时在无明显诱因的情况下缓慢起病，不太容易被确诊。但其病情有一个由轻至重的发展过程，许多病状是在不知不觉中逐渐形成，在这个过程中总会有许多“蛛丝马迹“的症状引起人们的警惕。

比如，言语方面，最早偶然可能被发现有一两句话不可理解或“牛头不对马嘴”的话语，或对空喃喃自语，或百问不答，或喜欢使用自己创造的新词、新字，让人费解；行为方面，有时有点奇怪的行为，或突然发怒摔东西，或怕脏反复洗手，或话多、手舞足蹈，活动多、好管闲事；情绪方面，或过度高昂、喜悦、兴奋异常，或低沉忧伤、悲观厌世、自我贬低、自我谴责、自卑、多疑、对任何事情都不感兴趣，或莫名其妙地伤心落泪与欣喜。生活习惯发生改变，逐渐变得孤僻离群、懒散、不注意个人卫生，注意力涣散、反应迟钝、不专心听讲、学习成绩下降，或发呆发愣，或蒙头睡觉，或对镜发笑，自言自语。

这个阶段，患者常常被误认为学习压力过大，因此思想上出了问题或青春期性格改变。加上也有部分患者自诉有头晕、头痛、失眠、记忆力差、注意力不集中、全身疲倦无力等生理上的不适，或无故心慌恐惧、心烦意乱等心理症状，也常常被误诊为神经衰弱。但是，从患者的言谈中，可以了解到其有一定的妄想或幻觉，所以稍加注意，仔细判别，是可以及早发现精神分裂迹象的。

青春型精神分裂症的危害无疑是巨大的。病症发作期间，患者的精神活动（也称心理活动）脱离现实，和现实不符，即感知觉、情感、思维及意志行为之间互相不协调，并互相影响，导致患者表现异常。无论是对学习、工作还是生活、社交的适应能力都大大降低，以至于不能维持原来的学习和工作能力，甚至连日常的自我生活料理也不能正常进行。不只是对患者本人，对其家人和周边的人也会造成很大的困扰和伤害，也会危害社会。因为患者在病态思维或妄想幻觉的影响下，会认为周围的人都对自己不利，很可能发生自伤、自杀、毁物、伤人、杀人和危害社会公德、社会治安等攻击破坏行为，防不胜防。

精神分裂症是一种病因未明的精神病，原因很多，比如遗传、环境等。精神分裂症患者主要集中在十五六岁至三十岁之间，可见，青春期正是发生此病的高峰期。青春型精神分裂症正是一种发生于青少年身上的精神分裂症。它的发生与青少年这个特定的时期所具有的一些生理和心理特征有密切的关系。青少年时期，生理上发生了重大变化，身体很快成熟进入成人阶段，而心理和社会适应能力发展却相对滞后。生理与心理在发展上的巨大落差，加上成长环境、性意识觉醒、自我概念初步建立和外界压力陡增，导致大多数青少年出现一些情绪或行为上的问题，如焦虑、孤独、抑郁、不良习惯等。而此时他们的人格还不够完善，心理适应能力还较差，难以承受外界的压力或刺激。一旦遇到一些紧急的情况，压力陡增，积聚到一定程度，便引发心理障碍，如注意力不集中、记忆力下降、思维迟缓，学习成绩急剧下降，对任何事情提不起兴趣。如果压力得不到及时的缓解，便很容易患上青春型精神分裂症。

很多家长常常忽略了孩子的这些异常变化，把它们仅仅当作青春期孩子特有的心理变化加以合理化，以致耽误孩子病情，最后发展成精神分裂症。因此，家长应时刻留心孩子的异常表现，并及时对其加以疏导。此外，由于青春期生理急剧变化，且精神分裂症多数在青春期前后性成熟阶段起病，因此有学者认为，此病可能与内分泌有一定的关联。

遗传方面的因素，据调查发现，精神分裂症患者亲属中的患病率比一般居民高得多。而且，与患者的血缘关系愈近，患病率愈高。如果父母双方均为精神分裂症患者，其子女的发病率将达到35%~68%；而父母一方为精神分裂症患者，子女的发病率也有15%~26%；精神分裂症患者的子女即使自幼寄养在精神健康的家庭，其发病率也大大高于没有家族史的同龄人。然而，遗传在精神分裂症的作用目前不是很明确。大多数专家认为，精神分裂症是一种多基因遗传疾病，即由许多基因的积累作用造成的，比如大脑脑室变大、脑皮层萎缩等。这些大脑的缺陷或病变似乎为精神分裂症的发生埋下了隐患。只是一直到了青春期，在其他一些因素，如性格、压力、内分泌改变等合力作用下，这些病变就像炸弹一样被引爆了，一个人就此罹患精神分裂症。

除了遗传的因素，个体自身的人格特征也是患病的重要原因。大量调查报告还显示，大约有50%~60%的精神分裂症患者在病前或幼年期即存在一些特殊的个性特征，如孤僻、怕羞、敏感、多疑、胆小、缺乏亲情、不愿或不能与同龄孩子玩耍，却常常喜欢与老人亲近。有时会做出一些奇特的动作和怪异的姿势，让人无法理解。那些思维缺乏逻辑性，好幻想、主动性差、依赖性强、做事犹豫的病态人格，被专家称为“分裂性人格”。不良的人格固然是疾病的温床，但毋庸置疑的是，这种人格的形成还有赖于个体的成长环境，尤其是家庭环境对人格发展的破坏力极大。在成长过程中，如果父母的教育方式趋于过分严厉、专断和冷漠，就会对个体人格的发展起着极大的阻碍作用，导致人格的不完善。特别是生长在直系亲属有精神分裂症的家庭。

青春期精神分裂症是一个复杂的医学问题，分型较多，成因复杂。不同类型和不同原因的病情治疗起来，采用不同的方法，其结果也可能完全不同。所以，有专家强调不要把青春期的一些异常表现，包括妄想、幻觉直接定性为精神分裂症，只注重药物干预，简单地按精神分裂症来治疗。青春期精神分裂的孩子应该更多地注重这个年龄阶段生理心理发展的特殊性，多从心理层面寻找原因，除了精神病性症状处理，心理创伤处理、人际关系处理和自我概念重建等一系列心理治疗也是必不可少的。只有这样，才能使绝大多数孩子回归正常发展的轨道。如果教条化地对照诊断精神分裂诊断标准，机械单一地进行药物治疗，忽略了青春期青少年的成长困扰，缺少耐心细致的心理干预，患者的病情只会反复，且一次比一次严重。因为每一次复发都会比上一次治疗使用更大量的药物，毒副反应更大，于是形成了一个恶性循环，造成严重后果。所以，要想得到最大化的疗效，必须针对具体的病情实施多种治疗手段。

青春型精神分裂症属于重型的精神疾病。有此类病的家庭千万不要认为家庭中有人得病是一件很羞耻的事，因而讳疾忌医，延误孩子的病情，造成无法挽回的后果。及时发现，及时治疗，部分患者是可以痊愈的。如果错过了治疗的最佳时期，病情恶化，患者还会出现更多的心理或精神障碍，很可能终身都无法治愈。所以精神分裂症越早干预，预后愈佳。如果延误病情，会迁延一生。

第二节 有人要害我
——偏执型精神分裂症

危险是影子，无处不在。看，周围人们的眼神是多么诡异。他们说着暧昧的话语，聚集在一起，似乎商量好要做一件伤天害理的事。而我就是那个他们即将攻击的目标——可怜的倒霉蛋。他们假装一切都不会发生，一副老好人的模样，还假意劝我不要胡思乱想。可我早就知道：我被监视、被窃听、被跟踪、被盯上很久了。我一直处境危险，到处都是要害我的坏人，藏在我看不到的角落。现在，只差最后一步——害死我。我无处可逃，也没有人能帮助我。因为人们都不相信我的话，不相信这一切正在发生。不，其实他们都是一伙的。在这个世界上，我孤立无依。但是，我不甘心，我要反抗，要反击。

案例回放：脑子被植入了芯片

黄清在校园里漫无目的地游荡着。已是深冬的校园有些寂寥。雨雪下了一整天，虽然不大，断断续续的，但足以使这座南方城市气温骤降，寒气钻心。

黄清是这所大学一年级的研究生，此刻已是晚上十点多，大多数的学生早早就跑回宿舍，缩到床上，准备就寝。黄清却似乎丝毫没有觉察到气温的变化，仍然穿着单薄的衣服，不紧不慢地走着，嘴里好像在嘀咕什么。偶尔匆匆路过的一两个学生奇怪地看他一眼，心里不由得想：这个人有病吧？

在外人看来，黄清最近是有些不太正常。他老是神神道道地说些不着边际的话，让人摸不到头脑。什么外星人就要来了，每个人都得死；没有一个人能逃脱自己的罪孽；好人都灭绝了……诸如此类的话。搞得全寝室的人既莫名其妙又有些慌张，免不了背后议论一下。而这些只言片语又刚好被他听到一点儿，他便更加讨厌寝室的同学，觉得他们越来越看不起自己，心里不舒服，也就不太想待在寝室面对他们。所以，他尽量拖延回寝室的时间，想等他们都睡下了再回去。

黄清觉得自己很正常，都是他们不好！这个“他们”既包括寝室的同学，也包括他的同门师兄弟。就在那天，在老师的一个课题讨论会上，他就发现了，原来他们是一伙的，只是针对他一个人。他们意见统一，不容分说，全都说他的观点有问题，还怂恿老师不要理睬他。那时他就知道，他们都不是好人。后来，寝室的同学似乎也知道了这件事，也没有一个人站出来支持他，他觉得自己被孤立了。就算没有人理解他，没有人真正关心他，他也不在乎。反正，他平时和这些人也没有什么交往。他们不过是一群俗人，一群心怀叵测的小人。

虽然黄清已不再期望有人能理解自己，但是心里仍感到憋闷得很，特别难受，但又没有宣泄的地方。这让他多日来寝食难安，失了睡眠，常常睁眼到天亮。

渐渐地，他感觉这个世界是如此危险，他相信身边有无数双不怀好意的眼睛盯着自己，想要对自己做邪恶的事。于是，同学们有时会看到他对着空气，语气激烈地叫喊着什么。其实他们不知道，黄清那时正感觉有个人，不，准确地说有个声音在骂他。所以，他不得不回击一下。而让他恐惧的是，那个声音神出鬼没，总是不分时间、不分地点地在他耳边骤然响起。

有时，他在上晚自习，正在一道一道地验算数学题目，那个声音就出现了。他不得不跑出教室，到楼下去看，却发现一个人都没有。有时，走在校园里，脑子里又会出现声音。他就觉得每个人都在议论他，他急速跑回寝室，终于可以清净一会儿。但不久，有一天夜里，他从自习室回到寝室，却发现在寝室里也能听到声音。他听见声音说了几次一个同班同学的名字，就开始觉得这声音是那个同学的。后来，就一直能听到那个同学的声音。黄清问声音：“你是怎么能和我聊天的？”声音不告诉他。黄清想，糟了，我一定是被监控了！

这么想着，他就越发感觉周围有人监视他，而他无计可施，好像被剥光了衣服推到了光天化日之下，他惊慌失措，恐惧万分。他想象着自己被一个看不见的人监视着，自己的手机被监听着。或许窗外有什么卫星之类的高科技？于是，他关了手机，也不敢用电脑，甚至连换衣服都是躲在被子里换。

情形随着时间推移越来越严重了，黄清感觉骂他的人的范围扩大了，几乎无处不在。他实在受不了了，买了张车票准备回家。可是在车上，他又听到那个声音说："你跑不了，我会一直跟着你。你知不知道，只要我愿意，我就可以杀了我不喜欢的人。"

回到家后，好像父母并不太在意他的不正常。只是说他是学习太累了，压力太大了，休息休息就好了。为了宽慰他，他妈妈开始带他去算命、见巫婆。虽然黄清不相信这些，但妈妈说了要治好病，科学和迷信方法都要尝试一下，他也就顺从了。平静了几天，他就又回到了学校。

在学校的每一天都度日如年，每一个夜晚都是不眠夜。同学们都看出了他的异常，因为他的行为越来越怪异。有同学好心地关心他，帮他打饭、打水，都被他倒掉了。因为，那个声音又来了，说有人要毒害他。黄清很害怕，不敢在寝室待着，只好跑到自习室去，但最后还是回到了寝室。声音说他的室友都是妖怪，都要杀他，他们在规划杀他的时间。声音又说会保护他，并且告诉他，他的一个室友是妖皇，只有妖皇可以保护黄清，其他人都有问题。黄清坐在床上，开着台灯，完全不敢睡，害怕得不行。他和声音聊天，后来声音没了，他就发出声音企图保护自己，被室友呵斥一通。拖到了凌晨5点钟，终于撑不住睡着了。

黄清想，难怪室友们的眼神那么奇怪，原来他们早就想害我了。不对，好像最近我吃了饭后都不太舒服，有头昏、手肿、喉塞的感觉。是不是他们已经开始行动了，我被他们给下毒了？一想到这里，他头皮发麻，赶紧上网去查，看自己是中了什么毒，哪里可以买到"解毒剂"。他还翻阅了很多医学书籍，胡乱买了一些药，食用后自觉很有效，便时常吃一些。后来，他觉得食堂里的食物也有毒。于是，他买了份饭，跑到保卫科，要求他们给他检查检查。被保卫科的人告知系上后，他感觉众人看他的眼神更是诡异，还常常窃窃私语，密谋着什么。

接着，黄清又怀疑导师用“中子射线”控制他的思想和行为，有时听到“中子射线”与他对话，评论他“老实、聪明、知识丰富”，命令他“不许反抗，也不能逃”。他发现不管他想什么，那个声音好像都知道。某天，他恍然大悟，自己一定被人在脑子里安装了一块芯片！对此，他深信不疑。

终于，有一天早晨，黄清害怕到无以复加，精神彻底崩溃了。因为那声音不断在他的耳边告诉他，大学里的人全部是妖怪。他悄悄地到超市买了把水果刀带在身上，然后坚持去上课，结果上到一半，他父母来了，把他带回了家。

回到家，他还是很害怕，想从后门溜进去，妈妈问他为什么这样做，他说：“怕那个骂我的人会跟踪我。”妈妈听了这个话就哭了，黄清还问妈妈：“为什么哭？”妈妈说他可能病了。但是黄清觉得不可能，因为那些感觉那么真切，就是真实地发生在他生活中的。所以，他一点都不觉得自己有病。他把每天经历的事情告诉妈妈，可通过妈妈看他的眼神，他知道他妈妈不相信他。

后来，父母带他去精神病医院看病。他不去，妈妈骗他说自己感冒要他陪着去医院。到医院一看是精神科，黄清说什么都不去。他大叫：“我觉得我什么病都没有，干吗要去啊！”但是，被妈妈硬拉着进去了。医生问他问题，他回答之后就一个人在外面自说自话，然后又找到没人的地方对着空气叫骂。回家后，妈妈每天叫他吃药，他每次都扔了，然后告诉妈妈吃了。

黄清的父母没有办法，只好采用强制手段，让他住进了精神病医院。

心理医生手记

黄清，男，23 岁，有一妹，生长发育正常。诊断为：偏执型精神分裂症。

偏执型精神分裂症又称妄想型精神分裂症，是精神分裂症中最常见的一种类型，以幻觉、妄想为主要临床表现。妄想以关系妄想和被害妄想为主，此外，常见的还有夸大、自罪、影响、钟情和嫉妒等妄想，也可伴有幻觉。发病初期表现为敏感多疑，逐渐发展成妄想，并有泛化趋势，妄想内容日益脱离现实。妄想可单独存在，有时可伴以幻听为主的幻觉和感知觉综合障碍，情感和行为常受幻觉和妄想支配，患者的注意和意志往往增强，表现出多疑、多惧、敏感，甚至出现自伤及伤人行为，智力通常不受影响。此病发病年龄多在25~35岁，是一种持续、慢性的重大精神疾病，也是精神病里最为严重的一种。据世界卫生组织统计，全球有超过2100万人患有精神分裂症。截至2016年底，中国登记在册的精神分裂症患者人数约为405万。

“医生，你不用给我开药。我没病。”黄清平静地说。

简单问话时，黄清看上去确实与正常人没有太大的分别，但随着谈话的深入，他言语中逻辑的混乱和内容的荒诞便暴露无遗。黄清并没有认为自己的想法和话语有何不妥，他很笃信自己所妄想的一切都是真实的。这就是精神分裂症最主要的症状——没有自知力。偏执型精神分裂症的起病较慢，患者最初只是让人感觉性格孤僻、生活懒散被动、行为退缩。加上初期他们衣着整齐，表现较为正常，周围人很难发现他们已经得病，而且病情在不断地发展。开始时症状主要是敏感多疑，怀疑有人在背后议论自己或不信任自己。后来，妄想和幻觉内容不断增多，且越来越荒谬。

“我知道他们就在我周围无时无刻不在监视着我，就在寝室的窗外。”黄清说，“我就用被子蒙住自己，出门我也戴着帽子和墨镜。这样，他们就不能看到我，也不会知道我在想什么了，就没法害我了。”

偏执型精神分裂症最典型的特征就是妄想。这种妄想是一种在病理基础上产生的歪曲的观念、错误的推理和判断。这是因为患者思维出现了障碍。患者毫无现实根据地凭空推理与判断，并固执地坚持，不可动摇，与其文化教养和社会阅历不相称。任何人的说理和教育都无法纠正其错误的观念。妄想一开始多是关系妄想，即总觉得周围发生的一切都与自己有关，如案例中，黄清总觉得别人聊天是在议论他。有的患者甚至会认为广播、电视、报纸上的消息也是针对他们，进而开始出现被害妄想或其他一些妄想，比如影响妄想、嫉妒妄想、夸大妄想、疑病妄想……本案例的黄清既有被害妄想，即坚信有人将加害于自己或家人，也有影响妄想，即自觉有一种被控制感，并坚信自己的心理活动与行为受到外界特殊东西的干扰与控制，如无线电、光波、某种射线、头脑中被安了芯片等。而嫉妒妄想的患者坚信自己的配偶对自己不忠，与其他异性有不正当的关系，热衷于跟踪、监视配偶，查阅配偶的信息，翻查配偶的东西和衣物等。

夸大妄想患者喜欢夸大自己的能力，坚信自己有治家理国的非凡才能且拥有至高无上的权力和大量的财富。疑病妄想患者对自身健康非常敏感，坚称身体上的小毛病是某种癌症的表征。偏执型精神分裂症的另一个典型特征就是幻觉，幻觉是患者感知觉出现障碍的表现，包括幻听、幻视、幻嗅、幻味及幻触等，而幻听最为常见，如评议性幻听，即幻听内容多为他人对自己的议论；命令性幻听，即幻听内容多为对自己的命令，感到受人支配；被读心，耳边听到一个不是自己的声音在说自己脑子里所想之事。案例中，黄清总听到有个声音和自己说话，便是幻听。总之，偏执型精神分裂症的临床症状复杂多样，可涉及感知觉、思维、想象、记忆等认知功能以及情感、意志行为等。个体之间症状差异很大，即使同一患者在不同阶段也可能表现出不同症状。

偏执型精神分裂症与偏执型人格障碍看似很相近的两个名称，其实是两种不同的病症。它们很容易被混淆，但两者有着极大的分别。首先，两者性质不同。人格障碍是从小形成的个性障碍，是心理问题。通过长期的心理干预和自我调整，有可能被矫正。而精神分裂症有严重的思维障碍，是精神障碍。可能是脑功能障碍或者是器质性的病变，是不能自愈的，必须进行药物干预，甚至需终身吃药。其次，症状不一样。尽管都是敏感多疑，但人格障碍患者只是多疑、偏执。精神分裂症患者除了多疑偏执，还会逐渐发展出妄想和幻觉。最后，社会功能影响不同。人格障碍患者虽然生活和工作受到极大的影响，但是大多数日常生活可自理。而精神分裂症患者却无法正常地进行社会活动，严重者日常生活不能自理。不过，两者也有着一定的关联，即某些偏执型精神分裂症具有偏执型人格障碍的基础，也就是说，偏执型人格障碍患者是偏执型精神分裂症的易感人群。

偏执型精神分裂症患者的破坏力不容低估。因为，他们有时是一个隐藏的破坏者，乃至杀手。患者病起至发作有一个缓慢、不显露的过程。而在这个过程中，患者往往看上去就像一个正常人，不哭不闹，不喊不叫，说话也很有条理，一般能正常生活或工作。但是没有人知道，患者的思维已经开始出现问题，他们敏感、多疑，并开始妄想。在妄想的同时，伴有幻觉。有的患者先有幻听，听到有人要加害自己，然后在幻听的基础上产生妄想。有的反之，先妄想，后幻听。

这种变化在疾病早期很隐蔽，患者一般保持沉默，以冷静的眼光观察周围动静。随着妄想程度的加深，患者怀疑有人要对自己进行迫害，最后怀疑对象逐渐扩大，患者坚信邻居、家人、同事合谋加害自己。总之，在妄想、幻觉影响下，患者受其幻觉妄想内容的支配，经常在人们毫无防范的情况下出现消极的自伤或自杀行为。严重时也会出现伤害他人甚至杀人等极端行为，给自身和他人的人身安全造成极大的危害。此外，患者缺乏自知力，否认自己有病，常把亲人都当作仇敌，有时会出其不意地攻击最亲近的人，令人防不胜防。所以，及时识别症状，及时送患者治疗，对患者自身及其家人，对社会稳定，都是必要的。

偏执型精神分裂症的发病除了与遗传密切相关，与病前性格特征和环境因素也关系密切。首先，与其他类型的精神分裂症一样，遗传因素是最有可能的一种影响因素。其次，偏执型精神分裂症病前性格特征是重要的影响因素。患者可能从小就形成了以自我为中心、敏感多疑、主观固执、嫉妒性强、自尊心强、自命不凡、爱好幻想等内向型人格特征。所以，他们一般不善于倾听别人的意见与建议，同时对外界长期保持一定的警惕性，以致人际交往不通畅。到了青壮年时期，由于自我感觉良好，以自我为中心，一旦别人没有按照他们希望的方式做，或比他们强，他们就会愤懑、不甘、嫉恨。这些消极情绪压抑在心里，久而久之，大脑的某些认知物质基础会发生改变，形成偏执型人格或素质。所以，患者不能正确地看待身边的人或事，与周围人群和环境格格不入，出现许多偏执的想法和行为，进而慢慢退缩，沉溺于自己幻想中的生活、学习、工作，出现了各种与现实脱节的表现。

所以，偏执型精神分裂症一般以内向、孤僻、有心理障碍的中老年患者居多。在性格的基础上，环境因素是主要的诱发因素，调查发现，精神分裂症的患病率在社会层次较低的人群中较高，所以专家推测，物质环境差、经济困难、意外事件（离婚、失恋、失业等）会带来更多的社会应激和压力，从而给患者造成较大的心理负担，诱发精神分裂症。此外，专家还认为，精神分裂症是病毒感染所致。因为，有人在部分精神分裂症患者的脑脊液细胞培养中找到了病毒样物质。

偏执型精神分裂症是最为常见的精神分裂症，也是精神病里最为严重的一种。由于精神分裂症患者的攻击行为，并一直有着“无法治愈的危险疾病”的称呼，公众难免对精神分裂症患者存有偏见和歧视，导致患者遭受来自疾病和社会的双重压力，使病症更难治愈。有些患者的家属没有意识到精神分裂类疾病的严重性，觉得这是丢人的事情，存侥幸心理，帮助患者掩饰病情，没有及时送患者治疗，这对患者有害无益。很多患者病情恶化后，家里根本无法控制其行为，结果患者犯下令人瞠目的惊天大案。所以，及时治疗是明智的选择，是对患者最大的帮助。这类患者在不发作的时候头脑是清醒的，所以周围的人应该在患者清醒的时候，利用这个宝贵的时机进行劝导，令其参与治疗。

现代社会中，工作、生活和学习的压力都比较大，精神类疾病的发病率也呈上升趋势，所以，全社会都应该积极关注此类疾病的治疗和护理，帮助患者及其家属及早走出疾病的阴霾。

第六章 06

发展障碍

一个婴儿呱呱坠地，随着岁月的流逝，长大成人。就像一条小河流终究要归于大海，如此顺理成章。但是，一切都不像表面上那么轻描淡写，一个人的成长，也不全如人们想象得那么一帆风顺。可能从一开始，就已遇到暗礁，为走上歧路埋下祸根。因为，在人生发展的道路上，总有疾病、伤害、意外、疏忽……它们像一块块顽石，阻挡了人们前进的脚步，妨碍了人们的成长与发育。而那些才来到人世、睁着一双乌黑明亮的大眼睛、有着天使般面孔的孩子们怎会想到，有一天，他们并没有像所有人期望的那样身体康健、聪明伶俐、阳光快乐，而是残疾、愚钝、痛苦、惘然……

一个人的发展，既包括身体的发展，也包括心理的发展。身体的健康发展是心理健康发展的物质基础。尤其是大脑的健康发展，是保证心理健康发展的必要条件。总之，人要在社会上生存并发展，健康的身体与健康的心理两者缺一不可。儿童身体的健康发展常常是可见的、可测量的，而心理的健康却是不太易察觉、不太可测的，因而总是被抚育者们错过或忽视，而忽视的后果却是很严重的。很多孩子出生时就存在的生理缺陷，没有得到及时的发现和干预，从而导致心理发育的滞后或停止，最终留下后遗症——发展障碍。

所谓发展障碍，是指身心成长和发展过程中产生的某种偏离或阻滞状态。主要表现在语言、运动、学习、社交、智力和社会适应能力等方面，常发生于包括脑在内的身体各种器官的组织及其机能、生育环境、人际关系等发生缺陷或不健全的情况下。发展障碍可分为精神发育迟滞、广泛性发育障碍和特定性发育障碍三大类型。其中广泛性发育障碍主要指儿童自闭症（社交敏感性障碍）；特定性发育障碍主要指学业技能障碍、语言和言语障碍、运动技能障碍、儿童的行为障碍和情绪障碍（其主要包括注意缺陷多动障碍、品行障碍、抽动障碍、情绪障碍以及与心理因素有关的生理障碍、进食障碍和排泄障碍）。此外，还有性别认同障碍。

第一节 停不下来的小孩
——注意缺陷多动障碍

就像安装了小马达，孩子电力十足，火力全开，整天不知疲倦地跳来跳去，停不下来。在每一个清醒的时刻，孩子的小屁股上似乎长了刺，无法安静地坐上一会儿。好像总有什么人在耳边催促，搞得孩子紧张不安、心烦意乱、六神无主。好像要做件什么事，可是东摸摸西碰碰，什么事也没做成。尽管父母绞尽脑汁，使尽手段，但就算斥责和打骂如此可怕，也都不能让孩子闭上他的小嘴巴，停下他扭动的身子，消停片刻。就算有趣的动画片开始了，喜欢的小动物和超人出来了，孩子依旧目光闪烁，心不在焉，跳跃不止。

案例回顾：在教室里跑圈的孩子

黄跳跳的妈妈很后悔生下他后很随意地给他起了这么一个简单、上口的名字。原本指望他健康、活泼、有活力。可现在，果真中了这个名字的蛊，黄跳跳从早上一睁眼到晚上闭上眼，就没有一刻停歇。黄跳跳今年五岁了，他妈妈就没有见过他安静、不吵闹地待上五分钟的时候。

“我要吃这个……还有那个……”晚饭时，黄跳跳拿着筷子，站在凳子上，探着身子去够桌上的菜。

“你好好坐着。要哪个？妈妈给你夹。”他妈妈用力把跳跳按回椅子。

“我要那个……”黄跳跳奋力扭动着身子，挣脱了妈妈的手。可是，他一下失去了重心，整个人向桌子中间扑去。幸好旁边的爷爷手快，一把把他给抓住，否则，一家人的饭菜都要被跳跳糟蹋了。

“你怎么回事？能不能老老实实地吃回饭？”坐在对面的跳跳爸爸忍不住大吼。

“哇……”跳跳吃了一惊，反应过来，立马大声哭起来。

“你吼什么？他还这么小，不懂事，你不能好好地说吗？”奶奶埋怨着爸爸。起身把跳跳抱在怀里哄他，“好了，好了，不哭了。是爸爸不好，把我们跳跳吓着了。你要吃什么，奶奶给你拿！”

“妈，你不能总这么惯着他。他这样下去，一点规矩都不懂。”跳跳妈妈无力地抗议着。

“急什么？再大点就好了。”奶奶不以为意地说，“来，跳跳，奶奶喂。”

这是黄跳跳家吃饭时惯常的情形。黄跳跳就像一个乒乓球，一刻也不能安稳地坐在桌边把饭乖乖吃完。不是掉了筷子，就是打翻饭菜，使得家里的每次晚餐就像一场气氛激烈的战斗，全家每个人都竖起汗毛，处于戒备状态，全神贯注地盯着黄跳跳一个人，防止他出各种状况。

“妈，他不吃就算了，您别理他。”跳跳妈妈看到跳跳奶奶端着一碗饭，跟在跳跳的身后，费力地跑着。而黄跳跳则举着一把塑料的剑，围着客厅的茶几跑圈。后来，又跳到沙发上，跳来跳去。奶奶无限耐心地跟在跳跳的身后，趁他稍微停下来的片刻，用勺子喂他一口饭。

“妈，您别喂了，这样会呛着跳跳的。”跳跳爸爸也看不过去了，开口阻止自己的母亲。

听了儿子的话，跳跳的奶奶只好放下饭碗，打算先把孙子哄到沙发上坐好，再喂饭。于是，她打开电视，找到一部动画片，对跳跳说：“快看，你喜欢的光头强出来了。”

这一招还真管用，跳跳马上停止跳跃，安静地坐在沙发上看起了电视，奶奶趁机喂了他两口饭。

“光头强，光头强……”才看了不到一分钟，跳跳就兴奋起来，边叫边跳。五分钟后，动画片也无法吸引他的注意力了。跳跳又跑到厕所里去玩水了。不一会儿，就用杯子把水甩得满墙都是。

“跳跳，你干什么呢？”跳跳妈妈呵斥他。看到满墙满地的水，她觉得十分崩溃。

黄跳跳看了妈妈一眼，若无其事地继续玩他的水。

跳跳妈妈只好上前抓住儿子的双手，控制着他，对他说：“跳跳，你看着妈妈的眼睛，听妈妈对你说。”

“啊嗯……”跳跳不理会妈妈，拼命地扭动着身子。

“不可以玩水，更不可以把水往墙上泼。”跳跳妈妈不得不扯着嗓子警告他。

可是，跳跳一挣脱妈妈，马上又要故技重施。跳跳妈妈不得已，一把把他拖出厕所，拉到他自己的房间，锁上门。

“来，妈妈和你一起玩玩具。”

“我不，我不……”黄跳跳在地上打滚，哭闹起来。但是，他妈妈不理他，自言自语地搭着积木。过了一会儿，黄跳跳突然翻身，一挥手，把妈妈才搭好的玩具给打翻。这下，他似乎出了口恶气，不再哭泣。

“你明天能不能请个假？”睡觉前，跳跳妈妈对跳跳爸爸说，“我们得带孩子去医院检查一下。”

“为什么要去医院检查？”

“跳跳这样老是跑来跑去，停不下来，还喜欢瞎胡闹，你不觉得是个问题吗？”

“这有什么？男孩子嘛，从小都这样，调皮一点儿而已。”

“你儿子不只是调皮这样简单，他是没有一刻安静下来。”跳跳妈妈急切地说，“你天天忙着工作不在家，你是不知道他有多好动！不管是看电视，还是做游戏，或是我给他读故事，他都没有办法安静地做完一件事。”

“他还小，再大点儿就好了吧？”

“去年他读幼儿园时，你也是这样说。可是，他现在 5 岁了，幼儿园中班了，没有一点长进。”跳跳妈妈停了一下，接着说：“老师也说，他经常在座位上手脚动个不停，还发出怪声，骚扰其他孩子。有时，老师一转身，他就满教室开始跑圈，老师拽都拽不住，怎么教育都不听。”

“小孩子嘛，总有管不住的时候。”跳跳爸爸还是不以为意。

“他不是一次两次，而是几乎每天都这样，其他小孩没有一个像他那样。上了一年的幼儿园，什么都没学会，和小朋友也不能在一起好好玩耍，不是捣乱，就是把别人打哭。老师说跳跳的问题比较严重，让我们一定要引起重视。每天在家里吃饭，你也看到了。他这么大了，什么时候好好安静地吃过一顿饭？”

“这……好吧。后天，我后天请个假，带他去看看。”跳跳的爸爸犹疑着，也许儿子是有些不同寻常。

结果，医院检查发现黄跳跳小动作过多，感官中度失调，虽然灵敏度高，智商没问题，有 120，但由于注意力无法集中，学习重度困难。黄跳跳被确诊为注意缺陷多动障碍，即多动症。

心理医生手记

黄跳跳，5 岁，男，独子。诊断为：注意缺陷多动障碍。

注意缺陷多动障碍（ADHD），亦称为多动症，是儿童期常见的一类心理障碍。表现为与年龄和发育水平不相称的注意力不集中和注意时间短暂、活动过度和冲动，常伴有学习困难、品行障碍和适应不良。患病率在 5% 左右，全国约有两千万孩子患有此病。男孩比女孩普遍，部分患儿成年后仍有症状。

注意缺陷多动障碍有三个主要的症状：注意力不集中、多动、易冲动。注意缺陷表现为分心与注意缺乏。分心是指把注意指向无关的目标或把注意同时指向许多不同的方向。例如，大人说事情的时候，孩子不能注意，而是发呆或想一些与大人所讲内容无关的事件。容易因外界刺激而分心，把注意力集中在不该注意的事件上。注意缺乏则是指对于任何事情不能适当地集中注意。例如，儿童从外表上看好像是在认真听课，盯着黑板，但其实他们对黑板上的内容往往没有用心，不知道该看什么或听什么，对应该注意的事件却不能注意。尤其是在复杂的环境中，如家庭环境嘈杂、各种光、声音的刺激，都会妨碍儿童将注意力集中在一项活动上。多动表现为儿童缺乏抑制行为的能力，一旦他们做了某些行为时，就不能停下来。并且，他们不能制止自己不做那些不应该做的事。如答应了父母不爬树，但转身就忘，还是要爬。冲动性强，儿童在没有充分思考的情况下就贸然行动，常做出危险的事情，如玩火。因此，多动儿童不单纯是兴奋过度，还同时伴有兴奋不足，他们的注意缺损和多动行为主要是由于大脑的兴奋和抑制的不平衡。

生活中，父母可以观察到自己孩子的一些不同寻常的表现。比如，一件事还没有做完就提前离开，或者做事粗心，交代的任务不能完成，做事有始无终，不能长时间静坐，话很多等。甚至在做自己喜欢的事情，如看绘本或者动画片时，也会坐不住，手脚不停地动来动去，自说自话，喋喋不休。上学后，会表现为上课不能安静地坐着，不注意听讲；不能按时完成作业或指定的任务；丢三落四，经常遗失玩具、学习用具和其他物品；忘记日常的活动安排，甚至忘记老师布置的家庭作业等问题；日常情绪很不稳定，稍不如意就乱发脾气、哭闹不止。冲动任性，做事不顾及后果、凭一时兴趣行事。还喜欢不分时间场合地打闹，插话或打断别人谈话。极易和同伴发生纠纷，造成人际关系恶劣。

儿童精力旺盛、活泼好动，这是儿童的天性，尤其是男孩，大多有活动过度的现象，无须过度担心。因为，多动不等于注意缺陷或多动障碍，即不等于多动症。好动与多动症有本质的不同。最根本的不同在于注意力集中上的差别。多动症的孩子无论何时何地、做任何事都不能较长时间地集中注意力，即使是自己最喜欢看的动画片、绘本、游戏等，也不能专心欣赏。最喜欢的游戏也玩不长。但正常好动儿童截然不同。虽然他们活动很多，但在干自己爱好的事情时，却能全神贯注，心无旁骛。如果有人干扰，还会很不高兴。所以，正常的儿童意志力较强，做事时能制订计划，合理安排，达到自己的目的。而多动症儿童却不能，做事常常有始无终，效率极低。正常好动儿童有一定的自我控制能力，在严肃的、陌生的环境中，如上课时，大多能安分守己，不会不分场合地胡乱吵闹。此外，正常儿童的动作较为灵活，做快速、反复和轮换动作时，表现得灵巧自如，而多动症儿童却表现得十分笨拙，难以完成。

注意缺陷多动障碍的这些症状严重干扰了孩子的社交和学习能力。由于儿童大多表现为多动、不安宁、情绪不佳，难以调节和控制自身的活动状态，导致学习困难，与周围人际关系不良，甚至发展为品行障碍。品行障碍表现为攻击性行为，如辱骂、打伤同学、破坏物品、虐待动物、纵火等，或一些不符合道德规范及社会准则的行为，如说谎、逃学、离家出走、不遵守规则等。研究显示，注意缺陷多动障碍和品行障碍的共病率高达 30%~58%。毋庸置疑，早期的教育干预能缓解多动症的症状。但教育患有注意缺陷多动障碍的孩子对于父母和老师来说都是一种挑战。他们会耗费父母和老师大量的时间和精力，导致有些父母和老师不胜其烦，干脆听之任之。所以，有些多动症儿童的症状会迁延至成年，被诊断为成人注意缺陷多动障碍。主要特征依旧以注意力缺陷、多动和行为冲动为主。

但成人 ADHD 的临床表现与儿童 ADHD 略有差别，以“注意缺陷”为主要表现，“活动过多”会减少，冲动显著。成人 ADHD 患者面临多重任务时，可能无法确定事物的优先顺序，经常显得混乱、焦躁、不安、无所适从。他们常常行事鲁莽草率，易与人发生冲突，也常频繁变换工作；他们情绪波动剧烈，无法控制自己的情绪，很容易生气、冲动、爆粗口等。尤其是开车时，易烦躁，冲动、不遵守交通规则、危险驾驶、常造成交通事故。所以，难以集中于一项任务是成人 ADHD 患者最明显的特征之一。另外，他们还常有情感关系不稳定、工作或学习表现不佳以及自尊心受损等问题。不幸的是，儿童 ADHD 不管治疗与否，其中 60%~70% 到了成人仍然有症状残留。

注意缺陷多动障碍的病因和发病机制不清，目前认为是多种因素相互作用所致。包括遗传、患儿出生前或出生时的一些不利因素、生理因素和心理社会因素。遗传上，家系研究中的双生子和寄养子研究支持遗传因素是 ADHD 的重要发病因素，平均遗传度约为 76%。大约有四分之一多动症子女的家长，自己也有多动的历史。遗传病苯丙酮尿症是先天性代谢缺陷病，会使患儿脑细胞中毒，对婴幼儿大脑发育造成影响，使之神经兴奋性较高，活动过度。患儿出生前或出生时的一些不利因素，如分娩时孩子有窒息、缺氧的历史，可能会导致神经上的损伤而产生日后的注意和活动问题。有研究发现，智力正常但有行为失调（包括多动症、注意缺陷等）儿童的母亲，曾经有过孕产期并发症，如妊娠期患毒血症、甲状腺功能亢进、糖尿病、高血压的比例显著高于一般正常儿童的母亲。产后儿童中枢神经系统中毒感染也可能导致注意缺陷。

生理上，多动症儿童与正常儿童在大脑结构和功能上有些差异。多动症儿童的右半球比左半球大，而大多数正常儿童正相反。中枢神经系统发育迟滞、脑部的器质性疾病或患有其他神经精神疾病也是多动障碍产生的原因。最后，心理社会因素对儿童注意缺陷的形成同样起着至关重要的作用，如父母关系不和，教育方式不当，父母性格不良，父母冲动、行为不良，家庭经济困难、住房拥挤，童年与父母分离、受虐待，学校的教育方法不当等不良因素，均可能作为发病诱因或症状持续存在的原因。

尽管教育患有注意缺陷多动障碍的孩子对父母和老师来说非常困难。但是，为了儿童身心健康的成长，需要我们对这些孩子多一分理解，多一丝关爱，多一点儿耐心。充分认识到儿童多动症是一种病态心理，并不是孩子有意多动、故意捣蛋，而是缺乏注意力、缺乏自我控制能力的结果。儿童多动症是一种无意的、自我难以控制的行为。如果放任不管，儿童的多动行为就会发展为学习困难或品行障碍，对自身、家庭和社会将会造成更多更大的危害。其实，很多以前和现在有名的、聪明的杰出的人都患有注意缺陷多动障碍。

因此，要对孩子充满信心。要营造安定、祥和、温馨、欢乐的集体环境和家庭环境，使儿童有安全感和温暖感。尤其父母，要学会一些教养教育多动症儿童的技巧。

如同其他发展性障碍一样，早发现，早干预，早治疗，是提高儿童多动症治愈率或疗效的最佳手段。所以，对幼儿园和小学儿童进行 ADHD 的早期筛查是必需的，父母们应该引起重视和积极配合。一旦发现，及早让患儿开始诊治。目前的治疗方案，以整体治疗方式为主，包括心理治疗（主要为行为控制）、药物治疗和教育干预三个方面。其中教育干预儿童多动症的治疗是个复杂的过程。这需要家长和教师了解儿童的生理和心理特点，遵循教育规律，和专业人员一起，制订特殊的教育程序，帮助多动症儿童及早康复或缓解症状。

第二节 真不是智商的事儿
——学习障碍

有这样一类孩子，似乎中了魔咒。无论怎样努力，一些科目的学习成绩总是没有多大的起色。每次做作业或考试时，那些笔画、那些数字，就好像生了气，总也不听话，始终无法将它们整齐划一、各归其位；那些词句、那些公式，就像外星文，怎么也读不懂；还有身边的人们说的话和脸上的表情，到底是什么意思呢？难道真的像人们说的那样——这孩子智商有问题，是个笨蛋？其实，他们不笨。日常生活中，他们的言行举止与其他小朋友并没有太大的差异。只不过一做功课，他们的问题就会像气泡，突突地冒了出来。一再地犯错，令人绝望。

案例回放："马虎"是一种病

"把手伸出来！"郝凡凡胆怯地看着身旁一脸怒气的妈妈，一点点地向外伸着手。结果被妈妈一把抓过去，狠狠地打了一下。

"啊！"随着尺子落在手掌心清脆的声响，郝凡凡惨叫了一声，条件反射般地缩回了手。在自己的衣服上机械地摩擦着，似乎这样做就可以消除手掌心烧灼般的痛楚。

"不是和你说过很多遍了吗？怎么还写错？"妈妈指着郝凡凡的作业上的拼音 b，那里原本应该写成 p 的。而郝凡凡永远搞不懂两者的分别，却有本事每次都写颠倒。诸如 w 和 m、u 和 n……这些可恶的字母都是郝凡凡的死穴。

郝凡凡已经7岁了，上小学一年级，每次考试成绩都垫底。最大的问题就是卷面模糊不清，小错误数不胜数，因而失了太多分。每次批阅他的试卷，老师都头痛不已，恨不得直接给他打零分。他写错了要么涂得黑乎乎的，要么画上无数的细痕，或在错的上面直接改正，整个卷面糟糕得让人不忍卒读。而且，字或单词不是缺胳膊少腿，就是写得东倒西歪、忽大忽小，完全没有笔顺、间距、架构的概念，每个字都像喝醉了酒，肆意地挥舞着四肢。

这些现象，其实他妈妈在他三四岁开始教他写字和数字时，就已经发现了。原以为是孩子的视力和手部发育还不完善的原因，抱着期待，以为随着年龄的增长，这些状况会慢慢得到改善的。所以，他妈妈也没太担忧。可是，一年级都快要过去了，郝凡凡的这些老毛病非但没有好转的迹象，反而随着学习内容的加深，新的错误层出不穷，令人疲于应付。

郝凡凡的妈妈快40岁才好不容易生了他。为了让他不输在起跑线上，妈妈专门调换了工作，以便有更多的闲暇时间教育儿子。从郝凡凡几个月的时候，就开始给他读绘本，让他看图说话。郝凡凡那时表现出了超常的理解能力，似乎智商还挺高被预想是个优等生的苗子。现在，他妈妈付出了那么多的心血来矫正他的这些学习问题，可是收效甚微，不免灰心丧气，几近崩溃。

“你是不是猪脑子呀？5加3怎么会等于2！”妈妈吼道，开始口不择言。

“我……我算成减了。”郝凡凡低声地说。

“那么大个加号，你为什么看不到？你就是不认真，太马虎了！”妈妈气不过，又操起尺子，“把手伸出来！”

“不，不……妈妈，我再也不马虎了！你相信我！”

“相信你？你都给我保证过几次了？你说！”妈妈盯着郝凡凡的眼睛质问他，“有用吗？每次你不都保证过了？做作业、考试的时候还不是照犯不误？我看你就是不用心。快点，伸手！”

郝凡凡拼命地把双手交叉抱在胸前，企图不让妈妈抓到，能躲过这一劫。但是，这种防卫显然是徒劳的。妈妈一伸手就拉住他的左手。郝凡凡的手紧紧地攥成拳头，做最后的挣扎。他妈妈掰不开他的手，就干脆直接开打。越打越生气，手上的力也失了控，在郝凡凡稚嫩的小手上留下一条条血印子。

“你还好意思哭？再哭，看我不打死你！”

郝凡凡本来哭得撕心裂肺，听到妈妈最后这句话，立马闭紧嘴巴，停止了哭声。结果小脸憋得通红，不停地哼哼着，泪水糊了一脸。

郝凡凡妈妈就不明白了，据自己平时观察，儿子的理解力很好。他的记忆力谈不上多出色，但也不错。最近，他爱上了汽车，对某个车是什么车标，是哪个国家出产的，如数家珍。可是学习时，对课本上字、词的记忆和数学的运算每每出些不应该的错，令人抓狂。汉字教了他两三遍后能认，可十遍二十遍之后还是不会写或写不准确，尤其是结构复杂的字。课文背不下来，因为读的时候，时常出现字节顺序颠倒、乱加字词、跳行、漏行等问题。一段话要反反复复，用尺子比着才能读通顺。算术也好不到哪里去。经常漏题、抄错题目，书写数字时数序颠倒，如 25 看成 52。看错数字，如 6 看成 8，3 看成 5……

“你怎么回事？每次做作业都把凡凡弄哭？”凡凡的爸爸下班回来看到这一幕，不由得埋怨起凡凡的妈妈。

郝凡凡看到救星出现，扑在爸爸的怀里，放声大哭。

“你就知道说我。你看看他的作业，还有这次的数学测验。”凡凡妈妈急切地说，“这些错本来就不该犯，和他说了多少遍，也记不住。还错！”

“他还小，哪能不犯错。等他再大点儿就好了。”凡凡爸爸瞥了一眼，不以为意地说。

“都快 8 岁了。这是 8 岁这个年龄的孩子该犯的错吗？再说，哪个孩子像他这样？”

“那也不能骂他、打他。耐心和他说不就完了吗？”

“好好说不是不管用吗？”凡凡妈把尺子一丢，“我是没辙了。你有耐心，你来教。”说完，气哼哼地离开房间。

“凡凡，为什么老是犯这样的错呀？你如果认真点，成绩就会很好的。”凡凡爸爸看了儿子的作业和试卷，轻声地问凡凡。

“我也不想老犯，可是，怎么努力都是不行。”凡凡的脸上写满了沮丧。

“没关系。我们一起找找原因。”

一年级结束了。郝凡凡的成绩依旧差强人意，因为他的老毛病依旧没有太大的改观。

“老师，你说我们凡凡怎么办呀？我都快愁死了，实在拿他没办法。好话说尽，骂也骂了，打也打了，都没用。”

“凡凡妈妈，凡凡这种情况，我建议还是去医院做个智力评定或其他的一些检查，看医生怎么说。”班主任老师想了一下，给凡凡妈妈建议道。

心理医生手记

郝凡凡，7 岁，男。经医学检查，各项生理指标均属正常，无视觉、听觉、运动等障碍。智力正常。诊断为：学习障碍。

学习障碍或称学习困难（LD），是一组异质性综合征，指智力正常的儿童在阅读、书写、拼字、表达、计算等方面的基本心理过程中存在一种或一种以上的特殊性障碍，以致在听、说、读、写、算等学习上有显著困难。这类儿童并无智力低下或视听障碍，不存在运动能力的缺陷，学习困难亦非原发性情绪障碍或教育剥夺所致。推测是中枢神经系统的某种功能障碍所致。检出率约占全体学童的 5%~10%，男孩多于女孩，比例约为 4∶1。尤其在小学二、三年级男生中较多见。

学习障碍的患儿国际上简称“LD 儿童”，这些儿童的学习活动不能达到与年龄相应的教育水准，其学业成绩、技能、知识的发展受到明显的损害。也就是说，学习障碍儿童智力发展正常，即智力测验分数（IQ）大于 70，在其他方面并没有显得愚笨，但学习效果低下，尤其在学校的学习有严重困难。

具体说，即在一门或几门主要课程，尤其是语文、数学的学习中有特殊障碍，如阅读困难、书写困难、计算困难、数学推理困难等。儿童的学习成绩常常未能达到小学阶段教育的基本要求，也低于其智商应该表现出来的水准。

学习障碍儿童最基本的特征是他们的学习成绩明显落后于同龄儿童。可他们一般没有明显的生理缺陷，从外表来看，与正常儿童没什么两样，但仍有着一些不同于正常儿童的心理与行为特征。他们在学习上出现的问题多种多样，常有以下表现：注意力不集中、好动、坐不住；记忆一般事物能力正常，读、写、算能力差；写字常缺笔少画，部首张冠李戴，错别字百出。阅读时常出现字节顺序混乱、漏行等问题；经常抄漏题目，书写数字出现数序颠倒、计算困难、位数混乱或颠倒以及不能正确辨别数字的上下左右；生活中，常打翻桌上东西，弄脏或损坏书本、作业、衣服；不善与人交往，遇集体活动常畏缩不前；而这些问题经教师、家长费尽心思反复指导，孩子自己也花了很多时间和精力纠正，但效果不佳，学习成绩仍然低下。

学习障碍儿童在学校教育过程中的表现严重地困扰着教师和家长。在给家庭和学校带来很多问题、负担和无奈的同时，这类儿童自身也有很多烦恼和痛苦。许多老师和家长无法解释，一个看上去很正常、智商评估也不低下的孩子，怎么就没有办法完成最基本的一些学习和技能？甚至有些老师和家长还会很轻易、很武断地就给孩子扣上“多动症”“学习不认真”“粗心马虎”等黑帽子，而并未意识到，这样的孩子可能是“学习障碍儿童”。他们的问题是需要专业人员和专业机构的干预，才能慢慢地矫正的。由于长期得不到确诊和及时的干预，学习障碍儿童大多数在学业上很失败。除学业失败外，可能还有学校适应问题、同伴关系的问题、情绪或品行障碍等问题。有些学习障碍患儿长期受到歧视，受到责罚后，便渐渐地失去了对学习的兴趣，形成自卑、自闭、孤僻等不良的个性。时常被责罚的状态也会继发情绪问题，出现如情绪不稳定、冲动、焦虑、强迫性行为或品行问题，如逃学、说谎、打架、行窃等，导致人际关系建立和社会适应方面的困难，阻碍了儿童健康成长。

一个儿童是否存在学习障碍，一般要到了学龄期，开始正式学习的时候才初见端倪。在此之前，儿童的一些症状常常会和注意力缺陷多动性障碍、儿童孤独症或精神发育迟滞等病症相混淆。注意力缺陷多动性障碍在儿童7岁以下，出现注意力缺陷、多动和冲动达6个月以上，即可做初步诊断。上学后，也会因注意力不集中导致学习困难、适应障碍或其他行为症状。而学习障碍儿童大多数在学龄前没有什么太大的异常。儿童自闭症则起病于3岁以前，患者智力大多低下。虽也有语言和阅读障碍，但儿童自闭症主要表现为生活交往、沟通和刻板重复行为。精神发育迟滞的IQ低于70分，各种心理能力普遍较低，且社会适应能力也很差。学习障碍儿童只是阅读、写作、算术等学习技能有些异常，与其本身正常的智力水平极不相符时，才会突出表现出来。

至于学习障碍的病因，医学界倾向认为这类儿童所表现出的学习困难与其中枢神经系统的某种功能失调有关。这种失调在某种程度上势必影响儿童其他方面的发展。而导致中枢神经系统失调的原因很多，如胎儿期、出生时、出生后，由于某种病伤而造成轻度脑损伤、轻度脑功能障碍或小脑发育迟缓；遗传性，如小儿的父亲、爷爷或其他亲属可见到类似情况；营养代谢，某些微量元素不足或膳食不合理，营养不平衡可影响智力发育。研究表明，有学习障碍的患儿体内微量元素锌、铜的含量显著低于正常儿童，另外，铁也是影响学习成绩的重要因素。由于疾病，体弱多病，有注意缺陷，不能集中注意力，患儿也会无心学习。

近年研究发现，在儿童幼年心理发展的关键期，不良环境因素可能导致大脑生物功能发育的改变，因而影响儿童的认知加工过程，致使其出现一系列的学习技能发育障碍，表现为学习能力不足。其中，家庭环境对学习困难有明显影响，如父母文化水平、家庭氛围、家庭教养方式等。父母文化水平低，没有能力在儿童早年生长发育的关键期提供丰富的环境刺激和教育，错过了儿童发展的最佳时机。同时，低文化水平的父母一般对文化知识的价值和个人成就不重视，也使儿童在幼年时没有得到良好教养，产生学习障碍。不良的家庭氛围，如家庭不和睦、矛盾冲突多、缺乏关爱、情感交流少等，使儿童从小生活在一个紧张、冷漠的环境中，影响其身心正常发展。尤其是父母不良的教养方式，因为不良的教育方式如父母教育态度不一致、过分严苛、拔苗助长、娇纵溺爱、放任自流……均可导致儿童的心理发育障碍，出现情绪和行为问题，使儿童产生厌学情绪，进而表现为学习障碍。总之，学习障碍常常是遗传、生物学因素和环境因素共同作用的结果。

学习障碍到了学龄期才会被发现。有的孩子可能表现为语言学习的问题，有的孩子可能表现为计算问题，有的表现为人际交往问题。一旦发现，就要引起高度的重视。首先，确定孩子是不是有学习障碍。是不是只是一个纯粹的学习障碍，还是因为其他的问题。这需要到专业的机构加以评估、确诊。目前虽然暂时没有治愈的方法，但是特殊训练可以帮助这些孩子学会利用视觉、听觉和触觉来改善他们的学习技能。训练需要医护人员、指导教师、家长共同协作进行有针对性的基本技能训练，如感觉统合训练、生物反馈、开发右脑功能、加速左右脑信息的传递及整合功能、用形象性思维促进抽象性思维发展、训练粗大运动和精细运动等。

重在预防。从母亲孕期做起，加强保健，尽可能避免造成胎儿脑损伤。儿童患高热、痉挛、脑部感染性疾病等病症时，及时就医，避免留下后遗症。婴幼儿期和儿童期应注意观察儿童心理活动发展的状况，一旦发现有某一方面缺陷时，应尽早咨询。不要盲目地认为是孩子贪玩或淘气，只会过度地责罚打骂而加重孩子的病情，继发其他的心理行为问题。确诊后，在专业人员的指导下，早干预、早治疗可纠正偏差。

心理学家解析

行为主义学家认为，儿童期障碍通常是源于不充分的学习和不适当的学习。不充分的学习是指未能学到操作目标行为的相关线索。比如，学习困难的儿童在解题时，没有办法进行正确的推理，可能是没有学习到找答案的正确思路或没有学会辨别和解题有关的所有线索。他们需要更多的恰当的专门训练。不适当的学习则指孩子的非目标行为得到了强化。例如，当孩子有了好的或亲社会行为时，父母往往觉得理所应当，对其加以忽视。而孩子出现破坏性的和不顺从的行为时，父母却会持续关注，不断地提醒、斥责、打骂孩子。这样，好的行为没有得到强化（鼓励），而坏的行为却得到强化（关注），所以久而久之，问题行为根深蒂固，形成障碍。行为主义学家认为，应该合理地运用强化、消退、惩罚、模仿等行为主义手段塑造技能，用适应性行为替换适应不良行为，可以帮助儿童更好地适应社会。

认知学派认为儿童和成人一样，问题行为是源于消极的信念、错误的归因、不良的问题解决和其他认知因素。像儿童焦虑和抑郁等情绪问题，皆是源于儿童的一些消极和错误的信念，如“我不可爱”“我太笨了”“父母吵架、离婚都是因为我不乖”等。还有心理学家认为，如果儿童学会了自我控制技能和反省性问题解决的方法，他们就可以控制自己的行为，抑制自己的冲动。比如，有阅读障碍的孩子如果用手或尺子比着一行行的文字阅读，那么漏字、跳行、词意理解不清等阅读问题就会得到很大程度的改善。所以，帮助儿童形成合理的信念和归因，掌握正确的问题解决的策略对儿童问题行为的矫正是十分必要的。

秉持人际关系观点的心理学家更强调家庭的重要性。他们认为家庭是最小的社会系统，每个家庭成员都在其中起着至关重要的作用。儿童出现了问题其实是家庭这个系统运转不良，出现了混乱的信号导致的。家庭系统中，如果父母情绪阴晴不定，对儿童的要求不一致，儿童就会无所适从，不知道如何表现才能令父母满意。结果，儿童可能变得非常抑郁，行为消极；也有可能变得非常焦虑，喜怒无常，行为乖张。所以，要想缓解儿童的症状，只是干预儿童个人，收效甚微。需要对整个家庭乃至每个家庭成员进行干预，找到问题，进行矫正。这种干预方式心理学家称之为家庭系统法。

第三节 折翼的天使
——精神发育迟滞

这是一个怎样的世界？人们说着听不懂的话语，用古怪的眼神看着他。他说的话，怎么没有人听得懂？周围的小伙伴像躲瘟神一样躲着他，没有一个孩子愿意听他说话、和他一起做游戏。难道他是外星人，抑或是个怪物，和这里的地球人不一样？爸爸妈妈告诉他，他没有什么不一样，只是需要更加努力。可他已经很努力，还是背不下来课文，做不对算术题，写不完每天的作业。老师的沉默如此阴郁，还不如像暴雨般的斥责来得痛快。在这个喧哗的世界，他是一座无人理会的孤岛。无方向、无目的，寂寞地漂浮着。说不出的痛苦深埋在他心里，快要爆炸。经过的人们、看到他的人们，没有人能告诉他，他到底怎么了？和这个世界格格不入的他，不知道怎样才能融入世界的怀抱。

案例回放：别叫我猪猡

“摇，摇，快点摇……”

“只有你最摇摆！哈哈……”

吴妮木然地扭动着屁股，晃着身子，同时举着双手挥舞着。她的眼神清白无辜，无助地望着她的同班同学们，台阶下，是乐不可支的一群人。她不明白同学们为什么这么高兴？从他们肆无忌惮的嬉笑声中，她似乎感到了一丝难堪。她想停止摇摆，想走下台阶，回到同学中去。所以，她时不时地扭头去看她的体育老师。可是，体育老师兴致正浓，笑得前仰后合，不理会她目光中的乞求。没有办法，她只好机械地重复做着扭胯的动作。这些动作是规定动作，是体育老师让她做的，她不知道为什么，也不敢问，唯有服从。

刚才课间休息时，体育老师，一个刚参加工作的男老师，突然让她围上一块又脏又破的布，到台阶上给同学表演个节目。她说，她什么都不会。可老师说，围上布，就这样扭动就好。好像同学们挺喜欢的。一开始，吴妮还跟着笑笑。可后来，她听到有个男生叫道："使点劲儿呀！猪猡，肥猪猡！"她便开始难受。后来，有个声音在心里叫着："我不是猪猡，我不是！"

看着体育老师没有想要她停止的意思，她有些生气，想扯下身上的那块破布，跳下台阶去，但她不敢，只好强忍着心中慢慢升腾的委屈，任由它们默默化成泪水，悄悄划过脸颊。

终于，听到上课的铃声了，吴妮才被老师允许从台阶上走了下来。那一刻，她觉得时间好像已经过了很久很久，久到她对刚才发生在自己身上的那一幕失去了知觉。她呆呆地随着人流回到教室，有些同学还在交头接耳地对她指指点点。她趴在课桌上，望着窗外，好像什么都没有发生过一样。

"吴妮！又趴着。你这么喜欢趴着，还来上学干吗？干脆回家趴个够。"数学老师的呵斥声像一记闷棍，打得她突然一愣神，清醒过来，赶紧坐好。

"你看看你的卷子？错了多少？才得十分，好不好意思？"数学老师拿着一张卷子抖动着，冲着她叫，"我们班的成绩都叫你一个人给拉低了一大截，你知不知道？你这么白痴的脑子，上什么学？你是不是上学没带脑子？"

吴妮一如既往地默默承受着数学老师疾风骤雨似的讥讽和训斥。她知道自己成绩很差，老师应该生气。可是，每次都这样在全班面前被骂，她还是十分难过，可又什么都不敢表示。更让她难堪的是，有个别男生还每次都冲她做鬼脸，低声重复着老师的话："白痴！"

成绩太差，她几乎成了班上的公敌，因为她拖了全班成绩的后腿。这让她在班上成了边缘人，没有一个人愿意和她做朋友。她甚至时不时要忍受一些同学的嘲讽和捉弄，包括她的同桌赵江。

“啊！”吴妮突然地低声叫了一下。扭头看时，赵江拿着一支黑色水彩笔，一脸的坏笑。他刚才乘吴妮不注意，在她的右脸颊上画了大大的 ×。吴妮用手一抹，抹了一手黑，结果半边脸成了黑的。周围的同学闻声看到这种情形，不由得低着头，哧哧地笑了起来。吴妮很是恼怒，但也不敢对赵江做什么。只好拼命地用衣袖徒劳地擦着脸。

每天在学校的日子对吴妮来说，就是一场又一场不得不经历的磨难。在旁人的眼里，吴妮对这些磨难似乎没有什么感觉。她有时还笑嘻嘻的，一副若无其事的样子。可她总是觉得心里有个地方堵得慌，有时会突然感到特别烦躁，像要爆炸一般。

吴妮回到家时，父母还没有回家。他们总是很忙，下班较晚。她习惯性地打开电视看《海绵宝宝》。这是她最喜欢的动画片，看了很多遍了还要看。边看动画片，她边吃着各种零食，薯片、牛肉干、饼干、水果……

“又在吃，你作业写完了没有？”吴妮的妈妈一走进家门，看到吴妮，便气不打一处来。

吴妮扭头看了一下她妈妈，没有说话，继续吃。

“还吃，你看你都胖成什么样了？快成猪了！”吴妮的妈妈被自己的女儿忽视，感到威严被侵犯，有些口不择言。

“我就吃，就要吃，你管不着！”吴妮抓了一大把薯片，拼命地塞到嘴里。她妈妈赶忙上前把薯片袋抢在手里。没了薯片的吴妮突然情绪失控，大叫着，把茶几上所有的东西都抓起来，扔到地上。然后，跑过去用脚把地上的东西一通乱踩，边踩边喊叫着，“踩死你们，踩死你们！”踩了几下，好像还不解气，一下倒在地上，边哭边打起滚来，哭得越来越激烈。吴妮的妈妈看到吴妮狂乱的样子目瞪口呆，一时不知道如何是好，任由吴妮尽情地发泄着。她知道自己的女儿时常会乱发脾气，但是，发这么大的脾气还是第一次。

突然，吴妮口唇发紫，眼球上翻，双手握拳，双脚乱蹬。吴妮妈妈吓坏了，赶紧掐她的人中。吴妮吐了一口气，才缓了过来。

吴妮的妈妈哪里知道自己的女儿在学校里种种不堪的遭遇，更不知道女儿被同学叫了一整天的猪猡。就连回家的路上，还被几个男生吐口水、骂脏话。这些吴妮回家后不知道说，也似乎说不清楚，只是变得越来越沉默，越来越迟钝，且容易发脾气。

吴妮的妈妈只知道自己的孩子有些愚笨，让自己在同事和朋友面前实在有些抬不起头。每每想到这点，她就焦躁不已。她不明白，自己是名校毕业，从小到大的学霸，吴妮爸爸也是个大学生，怎么就生了吴妮这么一个愚笨的孩子。不但学习不好，从出生起，学做任何事都比一般孩子慢得太多。两岁以后才开始学步，两岁半学喊“爸爸、妈妈”。4 岁时进幼儿园，但自我照顾能力也比其他同龄儿童差。虽然吴妮的奶奶说，吴妮的爸爸小时候学东西也慢，长大了就好了。但是，吴妮都快 9 岁了，怎么都没有好的迹象呢？这么差的成绩，别说考重点中学，就是考一般的中学，恐怕也难。而吴妮却好像没事人一样，天天只知道吃和看动画片。长得又高又胖，心智和她的年龄一点儿也不匹配。言谈举止十分幼稚，稍不顺心，就摔东西，满地打滚。

今天这样的情况终于让吴妮的父母意识到，必须带孩子去医院看看了。

心理医生手记

吴妮，女，9 岁，独女。无重大疾病史。诊断为：轻度精神发育迟滞。

精神发育迟滞又称智力低下或智力残疾，指个体在发育时期内（18 岁以前）智力及精神机能发展明显低于普通儿童的水平，同时伴有不适应行为。精神发育迟滞的儿童视、听、触觉缺乏整体性，固执刻板，注意力不集中，情绪和行为易冲动。其产生原因主要是大脑中枢神经受损。本病症可单独出现，也可同时伴有其他精神障碍或躯体疾病。精神发育迟滞是遍及全世界的导致人类残疾的重要原因之一，严重危害儿童身心健康，给社会和家庭带来沉重的负担。

精神发育迟滞在国际上根据智商水平，可分为轻度、中度、重度和极重度四种，患者智力水平都低于正常值。轻度（智商在 50~70）患者占精神发育迟滞总人数的 75% 左右。早期主要表现为语言发育延迟，走路、说话比同龄儿童稍晚，多动、注意力不集中，发育迟缓。小学低年级语文勉强跟上，数学很难及格。经努力，小学能勉强毕业。许多患者成人后能够工作，可以自食其力，也有的能建立家庭，并维持良好的社会关系，对社会做出贡献。中度（智商在 35~49）患者占精神发育迟滞总人数的 10% 或稍多。表现为运动、语言、认知等发育落后于同龄儿童，难以与小伙伴建立和谐关系，不能适应小学生活，学习困难，成绩不及格，无法毕业，童年期明显发育迟缓。但多数经适当训练后，可在某种程度上学会照顾自己，并获得足够的交往和学习技能。成人后，能从事简单的体力劳动。重度（智商在 25~39）患者较少见，从小运动、语言发育明显落后于同龄儿童，只能学会一些简单的语句，不能进行有效的言语交流，不能学习和劳动，不会计数，通常伴有严重的躯体或神经系统疾病。患儿有明显的社会适应不良，不知躲避危险，日常生活也需要他人照顾。极重度（智商在 20 以下）患者占所有精神发育迟滞总人数的 1% 以下，出生时即可见明显的先天畸形，不能学会走路和说话，也无法接受训练，完全丧失生活自理能力，终生需要他人照料，在特殊训练下仅可获得极其有限的自助能力，多在幼年夭折。

"我成绩不好。他们老是欺负我，叫我猪猡，推我，吐我口水。"吴妮面无表情地说着。

吴妮是轻度精神发育迟滞患儿，在学龄前期与正常儿童差别不大，只是反应比一般的孩子慢一些。能依照父母的指令，完成简单的任务，并没有太明显的症状，所以不易被发现。如果说话迟，有些父母便以"贵人语迟"安慰自己；如果走路迟，便被认为是"缺钙"。即使孩子跟别的小朋友没有任何社会互动，家长也能找到各种理由自我安慰。他们总觉得孩子看起来漂亮健康，一定不会有什么问题，致使患儿失去治疗和干预的最佳时机。直到上小学后，患儿学习能力差，成绩不理想，才引起父母的重视。不幸的是，由于智商问题，患儿反应迟缓，致使其社会交往很不顺畅，尤其是与同龄儿童的交往。如果所处的学校环境再不够宽容，患儿所受到的心理伤害是不可估量的。等父母意识到自己孩子的异常时，已经太晚了。有些患儿因长期的心理压抑，会患上严重的心理疾病，甚至精神疾病。

“不知道吴妮怎么会变成这样。我和他爸爸也不是近亲结婚呀？只是她出生时不太顺利。”吴妮妈妈说。

研究证明，正常智力是由多基因决定的，一些异常基因却可通过代谢障碍及其他病变导致智力障碍。美国精神发育迟滞协会（AAMR）提供的数字中，有 350 多种原因可以引起精神发育迟滞。生物学因素、社会心理因素以及其他因素均可能导致脑功能发育阻滞或大脑组织结构的损害。随着近代医学科学的发展，一部分病例可查明病因，但仍有许多病例尚未能发现致病的原因。世界卫生组织（WHO）将造成精神发育迟滞的病因分为十大类：感染和中毒、外伤和物理因素、代谢障碍或营养不良、大脑疾病（出生后的）、由于不明的出生前因素和疾病、染色体异常、未成熟儿、重性精神障碍、心理社会剥夺、其他和非特异性的病因。除了这些生物学因素（脑部疾病），还有社会心理因素（缺乏教育）。而绝大多数精神发育迟滞的病人是上述两方面的因素相互作用的后果。引起精神发育迟滞的社会心理因素包括社会经济文化水平低、住房拥挤、家庭教育方式不当、家庭环境不稳定等。

吴妮父母非近亲结婚，无精神和神经疾病家族史，没有遗传的异常基因。但通过询问病史，医生得知吴妮母亲在生产时有“羊水浑浊”病史，吴妮出生后不能自主呼吸，有抢救病史，这是导致吴妮精神发育迟滞的主要原因。但是，由于吴妮父母在心理上难以接受自己孩子有问题，盲目乐观，讳疾忌医，致使吴妮在家里和学校里都没有得到必要而恰当的关怀和训练，耽误了最佳康复时机，精神发育迟滞的症状越来越严重。

目前世界上还没有可以治疗精神发育迟滞等发展障碍的药物，也没有短时间内让孩子恢复正常的方法。有的家长由于无法面对孩子的障碍，怕别人察觉失了面子，把孩子关在家里。或者出于过度保护的心理，怕孩子在外面受人欺负，无法应对遇到的问题，就尽量不让孩子出门或跟外人接触。然而，这些做法都是极端错误的。精神发育迟滞是不会随着成长自然而然康复的。即便是先天障碍的孩子也是有学习能力的，只要父母和周围的人有足够的耐心和爱心，给他们提供更多的社交练习的机会。虽然在学习上可能会比普通孩子速度慢一些，但是只要教育得法，无论障碍程度有多严重，孩子总是可以一天天地获得进步，有所成长的。

精神发育迟滞一旦发生难以逆转，因此重在预防。一些必要的工作是需要提前进行的，如监测遗传性疾病、做好围产期保健、避免围产期并发症、防止和尽早治疗中枢神经系统疾病，是预防精神发育迟滞的重要措施。精神发育迟滞的患者在婴幼儿期多有异常表现，抚育者应该及早发现，及早确诊，及早干预治疗，减少孩子的脑功能损伤，使已损伤的脑功能得到代偿。针对患儿的具体情况，治疗原则是以教育训练为主，药物治疗为辅。

第四节 星星的孩子

——自闭症

他们被禁锢在一个遥远的世界里，一个人完全地沉浸其中。那个世界太辽阔，他们走不出来。那个世界太隐秘，外人也走不进去。他们犹如天上的星星，独自闪烁。所以，他们也像星星一样遥远而神秘，像星星一样寂寥而冷漠。他们目聪耳明，却对外界充耳不闻，视而不见。他们不聋不哑，却不愿意开口讲话。也许他们就是从星星上不小心坠落到人间的天使，不肯融入人间。他们不愿直视你的眼睛，仿佛不想看清人世间的种种凡尘俗事。有时，他们会生气，而哭闹喊叫是惯用的表达方式。有时，他们莫名地焦躁，用刻板重复的动作来宣泄。这个世界对他们是如此陌生，人们对他们也是如此不理解。如何才能找到一条联通彼此情感的捷径？执着的人们用爱和真情寻找着答案。

案例回放：喜欢玩开关的小孩

“咔嗒、咔嗒……”肖迪的妈妈在厨房做饭，听到客厅里传来的声响，并感知到一明一灭的灯光，就知道自己4岁的儿子又在玩开关。她放下手中的菜，走回客厅。

“迪迪，你看着妈妈。快点！”她蹲下来，用力扳着儿子的双肩。想让他看着自己的眼睛，但是肖迪拼命地扭动着身子，低着头，就是不看她。

她接着说：“我和你说了很多遍了，不可以玩开关，你听到没有？”

“啊！啊！……”肖迪不理会妈妈的警告，反而跳着脚，哭闹起来。

眼看肖迪越闹越凶，肖迪妈妈只好放开他。刚从妈妈手中挣脱出来，肖迪马上又跑到开关前，一开一关，机械地重复着。他面部表情奇怪，既看不出高兴也不像在生气。

肖迪妈妈无奈地看着自己的儿子，感到心力交瘁。前一阵子，肖迪最喜欢的动作是用脚踢饭桌的一条腿，像是和饭桌有仇。如果不管他，他可以站在那里踢上很久。任何人都不能阻止，否则他就会像今天这样，又哭又闹，尖叫连连。所以，爸爸妈妈一商量，把饭桌送人了。谁知，没有饭桌的肖迪，没几天，就发展了这一新技能——玩开关。总不能不要开关吧？肖迪妈妈痛苦地想。

肖迪是一个特别的孩子，比同龄的孩子发育得晚。两岁时才会叫爸爸和妈妈，却说不出一句完整话。尤其不同于其他孩子的是，肖迪似乎对小孩玩的很多东西都不太感兴趣，总是喜欢一个人拿着玩具或某个东西，反复地敲打，发出单调的声响。这种时候，他便显现出很满足的样子。有时，一个人可以玩上两三个小时。在玩要时，父母叫他或和他讲话他都不予理睬。如果强行干扰他的活动，他便会情绪失控，焦躁不安。他不喜欢和人交往，即使是亲人和周围熟悉的人。客人来访时，从来没有表示迎接的行为或感到高兴的情感反应。有人逗弄他，和他嬉戏，他要么不理不睬，要么发脾气。在与人，包括父母说话的时候，都很少有目光的接触。当需要东西时，他不会用语言说出来，而是拉着大人的手走到自己想要的东西跟前。他也不喜欢和小朋友接触，平时到公园或上街时从不关注周围的同龄儿童。见到其他儿童在一起玩要时，没有表现出去参与的愿望。他就这样活在自己一个人的世界里，当旁边的一切不存在似的。肖迪的父母文化不高，只是听着老人们说，孩子再大点自然就会好了，也就没有太在意。

“他又这样，你看怎么办？”肖迪妈妈问。肖迪爸爸下班回到家，肖迪还在玩开关。

“过来，儿子。”

肖迪好像什么都没听见。一门心思地玩着开关，头都没有回。

肖迪爸爸没办法，只好走过去，一把把他拉到身边，对他说：“不要再玩开关了！”

肖迪顷刻间哭闹起来，拼命地挣脱着，想要回到开关前。肖迪爸爸一时气结，抬起手，狠狠地打了肖迪屁股几下。肖迪哭得更厉害，尖叫不已。

“你干吗打他？”肖迪妈妈走出来，心痛地抱着儿子，试图安抚他。但是，肖迪扭动着身子，很难平静。过了好一会儿，肖迪妈妈拿出其他的玩具和一些零食，才渐渐吸引了肖迪的注意，他停止了哭闹。

然而，对于玩开关的坏毛病，尽管肖迪妈妈想了很多的办法，都没有让肖迪改掉，只好随他去。

肖迪 4 岁进幼儿园。但是，入院的第一天，老师就发觉他有些不同寻常。他一整天都呆坐在位置上，不和旁边的小朋友交流，好像身边同伴都是空气。就算有小朋友碰着他，他也无动于衷。肖迪很少主动地与其他小朋友一起玩耍，一副井水不犯河水的模样。

“肖迪，为什么不和小朋友玩耍？”肖迪不说话，也不看老师的眼睛。

“肖迪，看着老师，为什么不和小朋友玩耍？”老师抓着肖迪的双肩，逼迫他看着自己，又重复了一遍。

肖迪匆匆地瞥了老师一眼，脸上显出淡漠的神情，奋力地扭动着身体，尖叫着，涨红了脸。老师只好放开他。

“去玩，好吗？”老师慢慢地对他说了几遍。

肖迪这才站起身子，出了教室，走到滑梯前，用脚踢打着滑梯的一根支柱。偶尔停一下，又继续踢打。其他小朋友好奇地问他在干什么，他也不回答。他对周边发生的任何事毫不关心。在自己构建的世界里，他想做什么就做什么，想怎样做就怎样做，毫无顾忌，旁若无人。周围的人和事很难引起他的兴趣和关注，哪怕身边的其他小朋友是如此欢闹和雀跃。

肖迪在幼儿园的生活很不顺畅。老师与他交流比较吃力，要放慢速度，用简短的一两个字进行对话，他才有点反应。集体活动时，他总漠然地待在一边，不会主动参与。老师需要费很多的口舌、想很多的办法，才能引导他参与集体活动。否则，他就不予理睬。他只喜欢用脚或其他什么可以拿到手的东西击打物品。要不就呆若木鸡地定格在那里，一动不动。即便是排队洗手、吃饭、上厕所这些简单的自我服务活动，都需要老师走过去手把手去拉他、引导他。更多的时候，他都在发呆，没人知道他在想什么。学习更是无从谈起，根本是听而不闻、视而不见。他的目光经常移动，不易停留在老师要求他注意的事情上面，更不能按老师的要求行事。他也很少讲话，即使讲话声音也很小、很低，经常自言自语重复一些单调的话："妈妈呢？妈妈会来的"，等等。

几天后，幼儿园的老师建议肖迪的父母带孩子去医院做个全面检查。

心理医生手记

肖迪，男，4 岁，独子。诊断为：自闭症。

自闭症又称孤独症、孤独性障碍，是一种精神系统失调导致的发育障碍，主要特征是漠视情感、拒绝交流、语言发育迟滞、行为重复刻板以及活动兴趣范围的显著局限性，发病于婴幼儿时期，一般在 3 岁以前就会表现出来。男孩发病率要高于女孩 4~6 倍。自闭症已成为世界上人数增长最快的严重病症。有数据显示，中国自闭症患者已超过 1000 万，其中 0~14 岁的儿童患者数量在 300 万 ~500 万。就发病率而言，自闭症已经超过了儿童癌症、艾滋病和糖尿病的总和，其病情危害也一点儿不亚于这三种疾病。每 110 个孩子里就有 1 个，每 70 个男孩里有 1 个自闭症患儿！因此，2007 年 12 月联合国大会通过决议：从 2008 年起，将每年的 4 月 2 日定为"世界自闭症日"，以提高人们对自闭症和相关研究与诊断以及自闭症患者的关注。

自闭症表现形式多样，但都具有三大核心症状：社会交往障碍、行为刻板和兴趣狭窄。社会交往障碍是指患者难以进行正常的语言表达和社会交流。一般在3岁前，自闭症患者视力正常，却不愿和人对视，常用余光看人，即使是自己的父母也不例外；即便是看人或物品的时候只是短暂地瞄一眼，不能集中精力注视；听力正常却总是对信息充耳不闻，无应答，不能根据大人的指令完成基本的任务。他们能说话却不会或很少主动与人交流，即便交流也只能听懂简单的话语。或像鹦鹉学舌一样，不断重复他人说过的话或听到的广告词等。他们大多有一些刻板重复或仪式性行为，如击打物品、吐口水、转圈、玩纸盒、撕纸……兴趣特别狭窄，只对特定物品或某种动作特别感兴趣，会非常专注于这些物品或活动。大多时候，又表现为多动，注意力不集中。

患儿大多有自我刺激行为，行为形式多样，与视觉、听觉、嗅觉等感官感觉直接相关。如不断地摇头、点头、抓头发、玩舌头、玩手指、身体前后左右不断地摇晃、怪异地跳动、脚尖走路、左右摇头、闻自己或他人身体的气味、呆望天空等。这些自我刺激行为一般在患儿感到无聊、不舒服、焦躁或受到强烈刺激时出现。日常生活中，他们拘泥于习惯和常规，不喜欢改变。任何改变都会让他们不安、害怕。因为缺乏表达自己情绪情感的能力，也不会向他人寻求安慰。不顺心时，他们只会大吵大闹，发出尖叫声。罹患自闭症的儿童，可从这三个方面的表现来评估症状的轻重。

自闭症患儿在症状的表现上有很大的差异，加上人们对什么应该被称为自闭症或者只是“类似于自闭症”有很大的争议。所以，自闭症被大致分为两类：高功能自闭症与低功能自闭症。所谓的高功能是指患儿的智力是正常的，或者他的语言表达能力相对来讲是好的，如阿斯伯格综合征的患儿有极佳的记忆力，但行为古怪，能从事一些工作并有独立的生活能力。而低功能自闭症如典型的自闭症群，他们智力受到损伤，有语言、行为等功能障碍。这类自闭症占自闭症儿童的大多数。

现今，自闭症是一个尚没有被全社会知道、了解的病症。大多数自闭症儿童最初在父母眼里只是个发育较晚、不说话、性格内向的孩子。以为孩子再大点，就正常了。等父母发觉自己的孩子不对劲儿的时候，已经有些晚了，他们错过了最佳治疗期。所以，“后知后觉”是中国不少自闭症儿童家庭的真实写照。因父母对自闭症的不了解而使患儿没有得到及时的治疗，导致症状越来越严重，失去了成为一个正常人的机会。

自闭症在儿童早期就有些端倪，首先是往往一些两岁之内还正常的患儿慢慢会出现各项功能退化的现象。即原先有的功能突然很快消失，尤其是语言退化最明显。其次是大小便的功能退化。而有的患儿虽然没有明显的功能退化，但是其能力发育从 2~3 岁开始就没有进步，尤其是思维能力在此基础上停滞不前。不管是哪种情形，毋庸置疑的是，儿童自闭症的症状并不会随着年龄的增长而有所减轻，乃至好转。寄希望于时间来创造奇迹仅仅是一些父母的美好愿望。

大多数自闭症儿童会有精神发育迟滞。大约 76%~89% 的自闭症儿童的智商低于 70，约 1/3~1/4 的患儿合并癫痫。所以，自闭症儿童的很多症状和精神发育迟滞患儿类似。但是两者又有着些许的不同。自闭症儿童和精神发育迟滞的患儿都存在认知缺陷，但自闭症儿童是一种基本的认知问题，而不是社会性退缩的结果。

也就是说，精神发育迟滞患者主要是智力低下和适应能力有缺陷，外表看上去一般是和善、可亲的，愿意与人交往的。而自闭症患者则不然，他们拒绝交流，有严重的社会交往障碍。自闭症儿童的感觉运动能力比社会理解能力和言语能力要表现得好些，但精神发育迟滞患儿各项能力很平均，都较差。而有一些具有自闭症特征的人，如阿斯伯格综合征患者，会表现出接近平均数或超过平均数的智商，在智力低下的同时可出现“自闭症才能”。就好比眼睛看不见，耳朵反而更加敏锐。他们会在某一领域，如数学、艺术、音乐、背诵等方面表现超常。有些自闭症儿童没有任何语言和精神发育迟滞的问题，预后效果也更好。自闭症与儿童精神分裂症也不同。儿童精神分裂症患儿一般发育正常，智力正常，具有情感、思维障碍或幻觉妄想等精神分裂症的症候，而自闭症儿童没有妄想和幻觉。

自闭症很难治愈，病症会迁延一生。所以，绝大多数自闭症孩子从出生到老都需要有人陪伴。但是，治疗年龄越早，改善程度越明显。所以早发现，早干预、早治疗是阻断自闭症发展和改善的唯一途径。这样，才能及时补足自闭症患者先天学习能力缺陷，减少其不适应、破坏性行为的出现，并使其潜能得以充分发挥。专家认为，最好在儿童9个月时进行自闭症筛查。6岁以前是自闭症康复的黄金年龄，如果错过，要想获得良好的康复效果极为困难。

自闭症儿童的康复是一个极其漫长和艰难的过程，需要父母和专业人士、专业机构的通力合作。通过康复训练，使自闭症儿童能达到一个正常人的行为标准，可以生活自理，最终回归社会。但在中国，由于公众认知缺乏、传统观念中的偏见、专业教育和社会家庭支持系统的缺失，自闭症儿童仍被排斥在正常生活之外，失去了最基本的权利和尊严，自生自灭。很多自闭症儿童错过了最佳的干预期。可以想见的是，这些孩子长大之后，必然会成为家庭和社会的沉重负担。所以，对自闭症儿童生命全程的关注应引起社会各界的重视，包括从儿童出生后的筛查、低龄幼儿期的康复、成长中的教育和职业培训、成人后就业、养老等一系列的生命过程，都需要全社会的爱心和力量加以帮扶，才能使“星星的孩子”从此不再孤独，更好地融入社会。

心理学家解析

认知学派的心理学家认为，自闭症儿童缺乏应对世界的能力，其根源在于他们存在认知障碍。这个最基本的障碍最终导致他们无法正常地认识自己、认识世界、认识社会，进而引起社会障碍。最终，没有办法融入社会。

认知理论认为，人的认知功能大体分为执行功能、分类和记忆、社会性理解和心理理论等四种功能，自闭症患儿的障碍正是体现在这些方面。就执行功能而言，自闭症患儿显然存在着很大的困难，如不能解决问题，不能主动控制自己的冲动，监控自己的表现，无法保持注意和抑制不适当的行为。所以，无论是日常生活中的自我服务，还是学校的学习，患儿都难以应对。在分类和记忆功能上，自闭症患儿很难形成新概念。无法对概念精准地把握，自然影响他们分类能力的发展。同样，他们根据概念理解新信息的能力也差强人意。他们的短时记忆和长时记忆也存在着程度不同的缺陷。自闭症患儿的社会性理解也有一定的障碍。他们大多目光游离，逃避与人目光直接接触，所以根本无法抓住他人的情感线索或根本不在意别人的情感流露，当然就难以理解他人的情绪、识别他人的面部表情和了解他人的关注点。此外，自闭症儿童的心理理论的发展也因其病症受到了阻碍。

所谓“心理理论”就是指个体凭借一定的知识系统对自身或他人的心理状态进行推测，并据此对行为做出因果性解释与预测的能力。这种能力实为一个复杂的推理系统，包含了一系列抽象、连贯的因果解释，使个体能借助信念、愿望等无法观测的心理状态来解释和预测行为。而自闭症患儿却常常无法鉴别纯粹的心理状态如信念和期望，所以他们也就无法根据这样的心理状态去预测和理解他人的行为。例如，小红的妈妈一般把糖放在抽屉里，但某天妈妈把糖装进了一个罐子里，并放在了橱柜中。那么小红应该到哪里去找糖呢？心理理论发展好的孩子能很轻松地给出正确的答案。反之，自闭症孩子会错误地认为小红应该到抽屉里去拿糖。心理学家认为，拥有发展良好的“心理理论”，个体才能更好地操作与控制日常的社会环境，较准确地预测他人和自己的认知和情感状态，并协调相互间的关系。

可见，“心理理论”的水平在人与人的相互作用中起着非常重要的作用，对儿童而言，拥有良好的心理理论，可促进儿童诸多社会认知能力的发展。这些能力是他们与同伴、父母、兄弟姐妹以及陌生人相处所必需的。这也是自闭症患儿一直沉浸在自己的世界，无法与外部世界沟通的根本原因之一。而“心理理论”不是娘胎里带来的，是儿童在成长的过程中逐渐发展出的一种能力。一般来说，正常的儿童在 18 个月左右就开始发展心理理论，而 20%

的自闭症患者刚好是在那时发病的。所以，他们丧失了心理理论发展的最佳时机，因而也就不具备这种能力。“心理理论”这一关键技能的缺乏最终导致自闭症儿童与社会隔绝。

后 记

搁笔的这天春光正好。

窗外阳光明媚，绿意盎然，一树树花苞争相开放。

这么多年来，学习和钻研心理学并在生活中实践，一直是我的人生追求。而如今，向大众普及这门学科中的一般常识，便成了我力所能及的事，也算是我美好的心愿吧。

心愿固然美好，现实却很“现实”。抱着想要写出集科学与趣味于一体的美文的心，却终因能力和学识的局限，没有办法达到自己最想要的妙笔生花的水平。才思枯竭之际，我每每食不甘味，寝不安席。以致写稿过程中，时时有写不下去、想要放弃的念头。好在，我不是一个喜欢和自己一直较真的人，又想到古语：一己拙见、抛砖引玉，便大为心安。我常以此鼓励自己勤耕不辍，最终完成此书。

感谢看到此书的人们，希望此书可以带给你们一些阅读的快乐和益处。如果你们可以容忍书中的不足和错误，且不吝赐教，我更会心存感念，蓄力精进技艺。

感谢那些为此书出版付出辛勤劳动的人们。

木梅

2019 年 3 月 3 日　星期日

图书在版编目(CIP)数据

反常心理学：心理医生专业解读变态心理学.2/木梅著. —北京：中国法制出版社，2019.8

ISBN 978-7-5216-0437-5

Ⅰ.①反… Ⅱ.①木… Ⅲ.①变态心理学—研究 Ⅳ.①B846

中国版本图书馆CIP数据核字(2019)第169827号

策划编辑：李佳（amberlee2014@126.com）

责任编辑：李佳 冯运（fengyun1s@126.com） 封面设计：汪要军

反常心理学：心理医生专业解读变态心理学.2

FANCHANG XINLIXUE：XINLI YISHENG ZHUANYE JIEDU BIANTAI XINLIXUE. 2

著者/木梅

经销/新华书店

印刷/三河市紫恒印装有限公司

开本/710毫米×1000毫米 16开 印张/13.5 字数/233千

版次/2019年8月第1版 2019年8月第1次印刷

中国法制出版社出版

书号 ISBN 978-7-5216-0437-5 定价：42.00元

北京西单横二条2号 邮政编码100031 传真：010-66031119

网址：http://www.zgfzs.com **编辑部电话：010-66054911**

市场营销部电话：010-66017726 **邮购部电话：010-66033288**

（如有印装质量问题，请与本社印务部联系调换。电话：010-66032926）